Digitale Transformation

Digitale Transformation

Warum die deutsche Wirtschaft gerade
die digitale Zukunft verschläft
und was jetzt getan werden muss!

von

Tim Cole

Verlag Franz Vahlen München

Tim Cole ist Experte für Themen rund um das Internet, eBusiness. Social Web und IT-Sicherheit. Er gilt als „Wanderprediger des deutschen Internets" (Süddeutsche Zeitung). Von 1998 bis 2002 war er Chefredakteur des Wirtschaftsmagazins „Net Investor". Als Kommentator schätzt man seine klaren, neutralen Analysen und seine kritische Einschätzung technologischer Entwicklungen sowie ihre Folgen für die Wirtschaft.

Tim Coles Buch „Erfolgsfaktor Internet", das 1999 bei Econ erschien, wurde zum Bestseller, weil es erstmals in einer für Manager verständlichen Sprache erklärte, warum das Internet für Unternehmen von entscheidender Bedeutung ist. In dem Buch „Das Kunden-Kartell" sagte Cole die Machtverschiebung zugunsten des Kunden aufgrund von digitaler Vernetzung voraus. Das **Handelsblatt** nahm „Kunden-Kartell" in seine Liste der „100 wichtigsten Wirtschaftsbücher" auf.

ISBN 978 3 8006 5043 9

© 2015 Verlag Franz Vahlen GmbH, Wilhelmstr. 9, 80801 München
Satz: Fotosatz Buck
Zweikirchener Str. 7, 84036 Kumhausen
Druck und Bindung: Beltz Bad Langensalza GmbH
Neustädter Str. 1–4, 99947 Bad Langensalza
Umschlaggestaltung: Ralph Zimmermann – Bureau Paraplüie

Gedruckt auf säurefreiem, alterungsbeständigem Papier
(hergestellt aus chlorfrei gebleichtem Zellstoff)

*Dieses Buch ist meinem langjährigen Freund
und Lehrer Ossi Urchs gewidmet,
der wie kein anderer verstand, dass digitale Vernetzung
alles verändert – nicht zuletzt uns selbst.*

Inhaltsverzeichnis

Digitale Transformation – ein Weckruf

„Wir müssen die Verschmelzung der Welt des Internet mit der Welt der industriellen Produktion möglichst schnell bewältigen, weil sonst diejenigen, die führend im digitalen Bereich sind, uns die Produktion wegnehmen werden."
Bundeskanzlerin Angela Merkel
auf dem Davoser Weltwirtschaftsforum 2015

Obwohl heute jeder Hund den Begriff „Industrie 4.0" durchs Dorf zu bellen scheint, warum haben dann ein Drittel aller Chefs von deutschen Fertigungsunternehmen noch nie davon gehört? Warum verlangen 70 Prozent aller Führungskräfte hierzulande von ihren Mitarbeitern absolute Präsenzpflicht während der Arbeitszeit? Warum klammern sich die Gewerkschaften an den Acht-Stunden-Tag, statt beispielsweise Wochenarbeitskonten zu unterstützen, wie es die fortschreitende Digitalisierung und neue Arbeitsmodelle zur besseren Vereinbarkeit von Beruf und Familie eigentlich längst möglich und wünschenswert machen?

Warum tun sich manche Unternehmen so schwer, mit den Veränderungen des Digitalzeitalters zurechtzukommen, und warum sind andere so erfolgreich dabei? Warum ist Apple heute mehr wert als GE, Wal-Mart, GM und McDonald's zusammen? Und vor allem: Warum gibt es kein einziges deutsches Unternehmen, dass es mit den „Big 4" – Apple, Google, Facebook und Amazon – aufnehmen kann?

Wird in den deutschen Vorstandsetagen geschlafen? Ist der deutsche Unternehmer besonders zukunftsresistent? Sind wir ein Volk von Technikmuffeln? Was bedeutet das für die Zukunft des Wirtschaftsstandorts Deutschland und den Wohlstand der Menschen in diesem Land?

Dieses Buch wird einige dieser Fragen beantworten und dabei Chancen und Potenziale aufzeigen, wie Deutschland auch in Zukunft innovativ und wettbewerbsfähig bleiben kann, ohne die über Jahrzehnte mühsam erkämpfte soziale Gerechtigkeit unseres Gesellschaftssystems infrage stellen zu müssen. Was deutsche Unternehmen dazu zunächst vor allem brauchen, ist eine (vernünftige) Digitalstrategie.

Kein Zweifel: Die Zukunft nicht nur dieses Landes wird von Digitaltechnologie geprägt sein. Das Internet hat in den vergangenen 20 Jahren bereits tiefgreifende Veränderung ausgelöst, aber das ist nichts im Vergleich zu dem, was sich in den nächsten 20 Jahren tun wird. Vernetzung und intelligente Systeme werden einen riesigen Wachstumsschub auslösen, von dem aber nur diejenigen profitieren werden, die rechtzeitig einen Gang hochgeschaltet und die sich bietenden Chancen ergriffen haben.

Dieses Buch stellt deshalb die Frage: Sind wir Deutschen für die Digitale Transformation der Wirtschaft gerüstet? Kann es in diesem Land so etwas wie ein digitales, ein „Wirtschaftswunder 2.0" geben? Oder haben deutsche Unternehmen und deutsche Unternehmerinnen und Unternehmer zu viel Angst vor der Zukunft – und lassen sie deshalb an sich vorbeiziehen?

Leider sieht es ganz so aus. Nein, damit sind nicht alle Unternehmen in diesem Land gemeint. Denn es gibt auch noch Unternehmer mit Weitblick und Mut. Aber sie sind leider in der verschwindenden Minderzahl. Die Mehrheit, nämlich 70 Prozent von ihnen, wollen nicht, dass ihre Mitarbeiter selbst bestimmen dürfen, wann und wo sie arbeiten. Sie verlangen stattdessen Präsenzpflicht: Ihr habt gefälligst um 9 Uhr am Schreibtisch zu sitzen und dürft das Haus nicht vor 17 Uhr verlassen! Diese „Nine2five"-Mentalität stammt aus einem anderen Jahrhundert und hat in einer Welt, in der das Internet den Takt angibt und den Menschen viele neue Freiheiten gibt, einfach nichts zu suchen.

Geschwindigkeit ist dagegen Trumpf: Daten rasen in Sekundenbruchteilen um die Welt und können deshalb überall und jederzeit abgerufen werden: im Büro, aber auch zuhause im Homeoffice oder notfalls bei Starbucks oder im Englischen Garten. Dazu braucht es „dicke Leitungen", am besten aus Glasfaser, die in der Lage sind, auch zukünftig die unvorstellbaren Datenmengen zu transportieren, die für die Wirtschaft das „Erdöl des 21. Jahrhunderts" darstellen, wie wir in einem späteren Kapitel näher beschreiben werden.

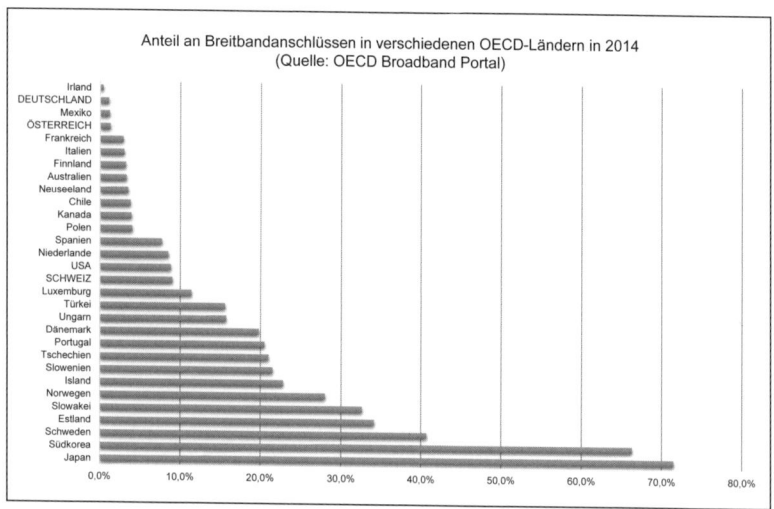

Doch Deutschland liegt in punkto Breitbandausbau unter den OECD-Ländern weltweit an vorletzter Stelle (siehe Abbildung oben). Nur 1,1 Prozent der Haushalte haben heute Anschluss an die Zukunft. In Japan sind es 71,5 Prozent, in Südkorea 66,3 Prozent. Da ist es kein Trost, dass die Schweiz mit neun Prozent eher im Mittelfeld rangiert, und Österreich nur zwei Plätze vor Deutschland am Fuß der Tabelle liegt.

Empfangen werden die Daten auf handlichen, mobilen Endgeräten wie Smartphones oder Tablets. Der Anteil der Smartphone-Nutzer in Deutschland betrug Ende 2014 mehr als 70 Prozent bei Menschen unter 49 Jahren. Am PC sitzen wir dagegen immer seltener. Wir haben die Kabel sozusagen abgeschnitten, die uns früher an den Schreibtisch gefesselt haben, und sind hinausgetreten in eine Zukunft, in der jeder selbst die beste Zeit und den besten Ort zum Arbeiten finden und bestimmen darf.

„Faulenzer!" Das ist die Standardreaktion deutscher Vorgesetzter, die ihre Leute deshalb ins Büro beordern, wo man sie im Auge und damit vermeintlich unter Kontrolle hat. Sie wissen nichts von der „Boss-Taste", die schlagartig Börsenkurse oder die eBay-Auktion vom Bildschirm verschwinden lässt, sobald der Chef im Anmarsch ist; stattdessen erscheint wieder die SAP-Maske oder die Tabellenkalkulation, an der man ja zwischendurch auch immer wieder arbeitet – aber nicht unbedingt dann, wenn der Vorgesetzte es will.

Solche Szenen künden von einem tiefen Misstrauen deutscher Führungskräfte ihren Mitarbeitern gegenüber – die das natürlich wissen und sich deshalb einen Sport daraus machen, den Chef zu überlisten. In einer digital transformierten Arbeitswelt haben solche Katz- und Maus-Spielchen nichts zu suchen. Wenn Chef und Mitarbeiter auf Augenhöhe miteinander umgehen, sind sie auch gar nicht mehr nötig: Wenn beide wissen, welche Ziele erreicht werden müssen, dann kann der eine ruhig loslassen, weil er weiß, dass der andere weiß, was von ihm erwartet wird. Nur dass er selbst bestimmen darf, wann und wo er die Aufgabe erledigt.

Digitale Transformation verlangt von den Vorgesetzten ein Umdenken. Und wer als Chef nicht dazu bereit oder in der Lage ist, macht sich selbst zum Problem, für das eine Lösung gefunden werden muss. Und zwar möglichst schnell …

Aber auch auf die Mitarbeiter kommt eine neue Situation zu: Sie oder er müssen zunehmend eigenverantwortlich handeln und es sich gefallen lassen, dass der Preis für die neue Freiheit und Selbstbestimmung in Nachvollziehbarkeit und Transparenz bezahlt wird. Sie müssen sich zu ergebnisorientierter Arbeitsorganisation verpflichten, müssen sich auch daran messen lassen, ob das Wunschergebnis erreicht worden ist. Sie werden lernen müssen, in vernetzten Teams zu arbeiten, deren Mitglieder womöglich über den halben Globus verstreut sind – oder im Büro nebenan.

Und die Mitarbeiter von morgen werden sich anstrengen müssen, mitzukommen in einer Welt, in der die Messlatte der beruflichen Qualifikation immer höher gelegt wird. Für Mittelmaß ist in der digital transformierten Arbeitswelt zunehmend weniger Platz. Oder, wie es der Werkmeister einer schwäbischen Maschinenfabrik in einem Interview mit der *WirtschaftsWoche* kürzlich formulierte: „Wer 15 Jahre dieselben Handgriffe gemacht hat, mag es zuerst nicht glauben, dass es für alle leichter wird, wenn alle mehr können."

Statt Chancen zu erkennen und sie zu ergreifen, verfallen deutsche Unternehmen beim Stichwort „Digitalisierung" in eine Art Angststarre. In seiner Studie *d!conomy: Die nächste Stufe der Digitalisierung,* die zur CeBIT 2015 erschien, stellt der IT-Branchenverband BITKOM ernüchternd fest: „Jedes fünfte Unternehmen bangt um seine Existenz" und stellt die ketzerische Frage: Ist die Digitalisierung eine Gefahr für die Wirtschaft?

Immerhin ist der großen Mehrheit deutscher Unternehmen wenigstens klar, dass die Digitalisierung Wirtschaft und Gesellschaft umfassend verändert. Aber ziehen sie daraus die richtigen Schlüsse? Eher nein!

Die Big 4: Kapitalismus im Internettempo

Deutsche Unternehmer gehen sehenden Auges in eine Zukunft, die nicht mehr von Firmen definiert wird, die einst zu den Säulen des Wirtschaftswunders hiesiger Prägung gehörten, sondern von einem neuen Typus globaler Konzerne, die scheinbar alle gängigen Regeln auf den Kopf stellen. Der Einfachheit halber bezeichnen wir diese als die „Big 4", nämlich Apple, Google, Amazon und Facebook. Jedes dieser Unternehmen hat auf seine Weise demonstriert, dass das, was man vielleicht am besten als „Kapitalismus 2.0" bezeichnen sollte, einen Weg in die Zukunft von Wirtschaftswachstum und Wohlstand weist. Deutsche Unternehmer sollten von ihnen lernen.

Der *Economist* hat die Big 4 einmal mit Meeresungeheuern verglichen. „Niemals zuvor hat die Welt Firmen gesehen, die so schnell gewachsen sind oder ihre Tentakel so breit ausgestreckt haben." Sie gehören zu den kapitalstärksten Unternehmen, die

die Welt je gesehen hat. Und sie sind nicht nur groß, sie haben auch viel Geld auf der hohen Kante – Apple allein fast 200 Milliarden Dollar an Barreserven!

Apple ist heute der Koloss des Kapitalismus. Vor 20 Jahren stand die Firma vor dem Bankrott, heute ist es das wertvollstes Unternehmen der Welt, dessen Kapitalwert an der Börse über 700 Milliarden Dollar liegt – ein Fünftel des S&P 500-Indizes. Apple ist heute mehr wert als GE, Wal-Mart, GM und McDonald's *zusammen*!

Im Januar diesen Jahres gab Apple-Chef Tim Cook den größten Quartalsgewinn der Wirtschaftsgeschichte bekannt: 18 Milliarden Dollar hatte Apple in nur drei Monaten verdient. Den bisherigen Rekord hielt übrigens Exxon im Jahr 2012 mit 15,9 Milliarden.

Google ist der Weltmarktführer bei der Websuche und der Online-Werbung, auch wenn die Firma bereits vor Einbrüchen in 2015 warnt. Der Online-Werbekuchen wächst zwar, aber immer mehr wollen ein Stück davon abhaben: Anbieter wie artoo, Teoma oder Wondir wollen Google mit einer bedienerfreundlichen Benutzerführung, einer verbesserten Suchtechnologie oder schlichtweg relevanteren Fundstellen Paroli bieten. Google ist deshalb ständig auf der Suche nach neuen Geschäftsfeldern. Das Handy-Betriebssystem Android hat es ja innerhalb von wenigen Jahren auf die weltweite Spitzenposition geschafft.

Amazon ist auf dem besten Weg, die Vision von Gründer Jeff Bezos zu erfüllen und zum größten Handelsunternehmen der Welt zu werden. Er hat ja eigentlich nur zufällig mit Büchern angefangen, aber mittlerweile bekommen Sie bei Amazon fast alles: Damenmode, Elektronik, Gartenmöbel oder Kosmetika.

Amazon ist insofern eine Ausnahmeerscheinung unter den Big 4, als Bezos keinen besonderen Wert auf Gewinn zu legen scheint: Jeder Cent, der reinkommt, wird reinvestiert! Das tut er mit großem Erfolg und sehr zum Leidwesen beispielsweise des Deutschen Buchhandels. Der Online-Buchhandel boomt – und der heißt in Deutschland nun einmal Amazon, Amazon, Amazon. Aber Amazon will mehr und expandiert in alle Richtungen. In den USA vermittelt das Unternehmen inzwischen Handwerker über seinen neugegründeten Dienst „Amazon Home Services". Und mehr oder weniger unbemerkt hat sich Amazon zum heimlichen Weltmarktführer im Cloud Computing entwickelt, also dem Angebot von Computer-Dienstleistungen und -Infrastruktur über riesige dezentrale Rechenzentren – einem Abfallprodukt des eigentlichen Kerngeschäfts von Amazon, dem Online-Handel, der ja enorme IT-Kapazitäten erfordert.

Facebook ist natürlich das Aushängschild der weltweiten Bewegung, die als „Social Media" bekannt ist und über die inzwischen ein Großteil der persönlichen Kommunikation weiter Teile der Menschheit läuft. Wäre Facebook mit seinen rund 1,4 Milliarden Nutzern ein Land, wäre es das zweitgrößte der Welt nach China und vor Indien.

Privatheit als Geschäftsmodell

Facebook bleibt weiterhin die mit Abstand populärste Social Media-Plattform, auch wenn das Wachstum in letzter Zeit deutlich langsamer verläuft, vor allem unter jungen Nutzern. Interessant ist in diesem Zusammenhang, dass Facebook, das wegen seines – sagen wir – recht lockeren Umgangs mit den persönlichen Daten seiner Kunden heftig kritisiert wird, neuerdings an Konkurrenten Anteile abgeben muss, die ihren Nutzern mehr Kontrolle über ihre Informationen versprechen. Snapchat, ein Messaging-Dienst, erlaubt es beispielsweise seinen Usern festzulegen, dass Texte oder Bilder, die sie ihren Freunden schicken, nach dem einmaligen Anschauen sofort und dauerhaft gelöscht werden.

Das kommt gerade bei jungen Leuten gut an. 2013 lehnten die Snapchat-Gründer ein Angebot von Facebook ab, die ihnen

3 Milliarden Dollar in Cash zahlen wollten. Experten wie Dr. Stephen Wicker von der Cornell-Universität behaupten, dass Privatheit in Zukunft ein wichtiges Geschäftsmodell sein wird: Menschen werden bereit sein, zumindest ein bisschen dafür zu bezahlen, dass ein Anbieter ihre persönlichen Daten schützt.

Die Big 4 sind inzwischen weltweit in die Kritik geraten, wenn auch aus jeweils verschiedenen Gründen. Drei Trends sind es vor allem, die Wettbewerbshüter und Verbraucherschützer auf die Palme bringen.

1. „The winner takes it all": Die Big 4 sind in ihren jeweiligen Kernmärkten rasend schnell gewachsen und haben bereits oder drohen, eine marktbeherrschende Stellung einzunehmen. Microsoft hat vergeblich Milliarden Dollar in seine Suchmaschine „Bing" gesteckt – trotzdem wächst Google weiter und beherrscht in Amerika zwei Drittel und in Europa sogar 90 Prozent des Suchmaschinenmarktes. Facebook hat sich im Social-Web ebenfalls ein Quasi-Monopol geschaffen.

2. „Kunden süchtig machen": Wie gute Drogenhändler bemühen sich die Big 4 darum, Kunden auf ihren Plattformen „anzufixen", indem sie ein dichtes Netz von zusätzlichen Online-Diensten und Smartphone-Apps um den Verbraucher herum spinnen, damit sie diese möglichst eng an sich binden können. Apple ist vor allem deshalb so erfolgreich, weil es dem Unternehmen gelungen ist, das iPhone zu einer Art „Fernbedienung für das Digitale Leben" zu machen. iTunes wurden Absprachen mit den großen Musik-Multis vorgeworfen, also im Grunde klassische Preisabsprachen. Wettbewerbsrechtler befürchten, dass die Big 4 ihre jeweilige Übermacht dazu missbrauchen werden, sogenannte „Walled Gardens" zu schaffen, aus denen die Verbraucher nicht mehr entkommen können.

3. „Innovation ausbremsen": Mit ihren prall gefüllten Kassen können es sich die Big 4 leisten, potenzielle Konkurrenten frühzeitig zu übernehmen und danach einzustellen. Das machen beileibe nicht nur die Big 4 so: Microsoft kaufte Anfang des Jahres den Musik-Streaming-Dienst LiveLoop und schloss ihn sofort. Sony machte das Gleiche mit dem Übernahmeobjekt OnLive, einem innovativen Anbieter von „Game Streaming", der Ende April 2015 eingestellt wurde. Sämtliche Konten und Daten der Anwender wurden gelöscht und in den eigenen Dienst Playstation Music integriert.

Google steht besonders in der Schusslinie: Die EU hat vor allem unter dem Druck der Verleger eine Reihe von Schutzmaßnahmen beschlossen oder zumindest diskutiert. Im Rahmen der geplanten Urheberrechtsnovelle sollte das in Deutschland bereits beschlossene Leistungsschutzrecht europaweit eingeführt werden, wurde aber vor Kurzem und in letzter Minute gestoppt, nicht zuletzt deshalb, weil die deutschen Verleger damit eigentlich nur schlechte Erfahrungen gemacht haben. Einerseits ärgern sie sich, weil Google kostenlos sogenannte „Snippets" aus ihren Medien für den eigenen News-Dienst verwendet, andererseits ist Google aber für sie eine wichtige Quelle von Traffic und damit von Werbeeinnahmen. So hat der Springer-Verlag 2014 einen Rückzieher gemacht und Google eine kostenlose Lizenz zum „Nachdrucken" seiner Inhalte eingeräumt.

Google drohte im Sommer 2015 damit, seinen News-Dienst in Europa ganz einzustellen, wenn die EU mit dem Leistungsschutzrecht Ernst macht. Die Verleger hätten sich dann mit Erfolg den eigenen Ast abgesägt – was aber niemanden verwundert, der über die Jahre erlebt hat, wir dilettantisch sich die Print-Verleger im Internet angestellt haben.

Die EU will Google aber noch stärker unter die Lupe nehmen. Es gibt eine lange Liste von Dingen, die sie bei Google stören und die sie abgeschafft wissen will; am liebsten durch Zerschlagen des Konzerns in mehrere kleinere Teile, so wie es die USA in den 1980er Jahren mit dem Telefonriesen AT&T tat. So hat das europäische Parlament 2014 eine Resolution verabschiedet, in der als eine mögliche Option die Trennung des Suchmaschinen-Business von Googles anderen kommerziellen Geschäftszweigen gefordert wird. Das wäre die größte Kartellrechtsmaßnahme der EU seit dem 560 Millionen Euro-Bußgeld

gegen Microsoft während der sogenannten „Browser Wars"
Anfang der 2000er Jahre.

Ob allerdings Zerschlagen die richtige Antwort auf das un-
heimliche Wachstum der Big 4 ist, gilt unter Fachleuten als
eher zweifelhaft: Es könnte mehr Schaden anrichten, als Gutes
bewirken. Amazon, Apple, Facebook und Google sind deshalb
so erfolgreich, weil die Menschen das, was sie machen, als gut,
nützlich oder bereichernd empfinden. Offenbar sind viele von
uns gerne bereit, Privatheit gegen Nutzwert oder Bedienungs-
komfort einzutauschen.

Die jüngere Internet-Geschichte ist voll von Beispielen mit
Firmen, die über Nacht groß geworden und schnell wieder verschwunden sind. Wer erinnert sich noch an MySpace? Dafür
war Facebook selbst vor acht Jahren noch ein Start-up. Android
hat die scheinbare Übermacht von Apples iOS mühelos und in
Rekordzeit gebrochen. Facebook, Apple und Microsoft haben
ein begieriges Auge auf Googles Suchmaschinen-Dominanz
geworfen. Wer weiß, was alles noch kommt?

Die neuen Räuberbarone

Der österreichischer Nationalökonom Joseph Schumpeter
(1883–1950) lag offenbar richtig mit seiner Idee der „schöp-
ferischen Zerstörung": Kapitalismus war für ihn und seine
Anhänger ja Unordnung, die fortwährend durch innovative
Unternehmer entsteht, die neue Ideen in den Markt tragen.
Diese Unordnung war für ihn die Ursache von Fortschritt und
Wachstum.

Die Technologiebranche liefert laufend Beispiele für eine derartige kreative Unordnung. IBM und Apple in den 1980ern,
Microsoft und Netscape in den 1990ern Jahren, die Big 4 im
21. Jahrhundert: Stets geht es darum, sich einen Vorteil auf

Kosten der anderen zu verschaffen. Anfangs blieb jeder noch brav bei seinen Leisten: Google machte Suche, Apple baute Computer, Amazon verkaufte Bücher und Facebook machte die Leute zu Freunden. Heute sieht die Welt der Big 4 aus wie eine Landkarte aus dem Mittelalter, wo jeder gegen jeden kämpft oder sich mit dem einen gegen den anderen verbündet, um sich strategische Vorteile zu verschaffen.

Es gibt eine deutliche Parallele zur Ära der sogenannten „Robber Barons", der Räuberkapitalisten, die das goldene Zeitalter in Amerika um die Wende vom 19. zum 20. Jahrhundert geprägt haben. Der Wilde Westen war gezähmt, und große Männer wie John D. Rockefeller, Cornelius Vanderbilt, Andrew Carnegie und J. Pierport Morgan haben in der Folge Imperien geschaffen und sie skrupellos ausgebeutet.

Historiker werden vielleicht einmal vom „Goldenen Zeitalter des Internet" sprechen, eine hektische Zeit ohne feste Regeln und klare Aufsichtsfunktionen, die erst langsam von Regularien, vor allem aber vom Markt selbst in geordnete Bahnen gelenkt wurde, und in der Männer wie Steve Jobs, Jeff Bezos, Mark Zuckerberg und Larry Page ähnliche Imperien schufen, wie einst ihre Vorfahren ein Jahrhundert zuvor.

Uns kommt es vielleicht vor, als gäbe es das Internet schon ewig, aber in Wahrheit stehen wir noch ganz am Anfang. Heute werden die Claims abgesteckt. Es geht um die Herrschaft über wichtige Schlüsselbranchen wie Video, Musik-Streaming, Navigation oder Cloud Services: Das sind einige der Bereiche, in denen der Kampf zwischen den Big 4, aber auch zwischen vielen anderen Hightech-Unternehmen ausgetragen werden wird. Die Karten werden noch gemischt, und es ist noch nicht endgültig klar, wer das Spiel gewinnen wird.

Deutschland 4.0

Deutschland hat also noch eine, wenn auch nur eine Außenseiterchance beim „Great Game", der Neuverteilung der Welt im Zeitalter der Digitalen Transformation. Aber dazu muss es ein großes Umdenken geben bei Unternehmen und Unternehmern genauso wie bei Mitarbeitern und Gewerkschaften, bei Freiberuflern, Handwerkern und natürlich auch in der Politik.

Bislang beschränkt sich die Mitwirkung der politischen Entscheidungsträger weitestgehend auf die Ausgabe von optimistischen Parolen. Wobei sich seltsamerweise eine Zählweise eingebürgert hat, die nirgendwo sonst auf der Welt verwendet wird, und die man deshalb wahlweise als besonders innovativ oder als besonders großspurig einstufen kann. Die Rede ist von der Gewohnheit, hinter mehr oder weniger beliebigen Begriffen die Bezeichnung „4.0" anzuhängen.

Bundeskanzlerin Angela Merkel mahnte auf dem Weltwirtschaftsforum in Davos im Frühjahr 2015 die anwesenden Entrepreneure, Ökonomen und Wirtschaftspolitiker, die „Verschmelzung der Welt des Internet mit der Welt der industriellen Produktion schnell zu bewältigen", weil sonst diejenigen, die führend im digitalen Bereich sind, „uns die Produktion wegnehmen werden." Sie verwies dabei auf eine Studie des IT-Branchenverbands BITKOM, wonach angeblich vier von zehn Unternehmen in Deutschland bereits Anwendungen einsetzen, die man unter dem Begriff „Industrie 4.0" subsummieren könnte.

Was Angela Merkel vergessen hat zu erwähnen, war, dass ein Drittel der produzierenden Betriebe hierzulande den Begriff „Industrie 4.0" noch nie gehört hat oder nicht weiß, was darunter zu verstehen ist. Winfried Holz, Mitglied des BITKOM-Präsidiums, unterstrich bei der Präsentation der repräsentativen Umfrage unter 505 Geschäftsführern und Vorständen aus Unternehmen mit mindestens 20 Mitarbeitern wieder einmal, dass die Zukunft einzelner Branchen und des Wirtschaftsstandorts

Deutschland maßgeblich davon abhängen, wie zügig es gelingt, die klassische Produktion zu digitalisieren. Wer sich jetzt nicht mit dem Thema auseinandersetze, könne den Anschluss verpassen, warnte Holz. Besonders nachdenklich machte ihn die Tatsache, dass 37 Prozent der deutschen Unternehmen bislang keine Digitalstrategie hätten. Das Wirtschaftsmagazin aquisa fasste es so zusammen: „Unternehmen aus Deutschland taugen im digitalen Zeitalter nur bedingt als Vorbilder."

Nach „Industrie 4.0" erfand das Arbeitsministerium in Berlin im Frühjahr 2015 den komplementären Begriff „Arbeiten 4.0" und zeigte damit, dass in Deutschland die politischen Uhren anders laufen als im Rest der Welt – aber deshalb nicht unbedingt schneller. Immerhin erkannte Arbeitsministerin Andrea Nahles in ihrer Eröffnungsrede an, dass veraltete und übertriebene Reglementierung eine Hauptursache dafür sei, dass es in Deutschland mit alternativen Konzepten in der Arbeitsorganisation, wie Homeoffice oder „Work on Demand", nicht so weitergeht wie erhofft. Vorschriften aus der digitalen Steinzeit, wie die Bildschirmrichtlinie oder die Arbeitsplatzverordnung, gehören auf den Prüfstand, meinte sie. Aber wann? Dazu äußerte sie sich leider nicht …

Dabei hat die moderne Arbeitsorganisation die deutsche Behördenwirklichkeit längst überholt. Der frühere BITKOM-Chef Prof. Dieter Kempf machte sich im Gespräch mit dem Autor dieses Buches unlängst Gedanken darüber, ob seine Gewohnheit, im Zug oder Flugzeug zu arbeiten, nicht von Amtswegen verboten gehört, weil der Abstand zum Rücksitz des vor ihm sitzenden Passagiers nicht immer den vorgeschriebenen 450 mm betrage. Und ob der Sessel im Starbucks Café wirklich der DIN EN 1335-1 („Büro-Arbeitsstuhl") aus den 1970er Jahren entspricht, ist höchst zweifelhaft.

Es gehört also aufgeräumt im deutschen Paragrafendschungel. Aber selbst solche Reformen, sollten sie je in Angriff genommen werden, kratzen nur an der Oberfläche. Die Anpassung der Ordnungsrahmen an die digitale Wirtschaft wird eine Riesenaufgabe sein. Angefangen beim Steuerrecht (wo sogenannte

„cyber-physikalische Systeme" wie Werkbänke oder Hebebüh-nen behandelt und abgeschrieben werden und nicht wie Com-puter) über Fragen zur Haftung (Wer ist schuld, wenn ein sich selbst steuernder Roboter Sachschäden anrichtet oder einen Menschen verletzt?) bis zum Datenschutz (Wem gehören die Daten, wenn ein Lieferant ein Ersatzteil auf dem 3D-Drucker des Kunden „bauen" lässt?) hinkt das deutsche Ordnungssys-tem weit hinter dem digital Machbaren her.

Und es macht auch keinen großen Sinn, auf entsprechende Initiativen der übergeordneten EU-Instanzen zu warten – ab-gesehen davon, dass beispielsweise die EU-Datenschutzgrund-verordnung, die ab 2016 gelten soll, ohnehin nur bei Betrieben mit mehr als 250 Mitarbeitern wirklich greifen wird und somit für den deutschen Mittelstand, zu dem bekanntlich 99,7 Pro-zent aller umsatzsteuerpflichtigen Unternehmen gehören, ohne Belang sein wird. Die Internetpolitik leidet auf EU-Ebene an Kompetenzwirrwarr und dem Beharren der Mitgliedsstaaten auf die Wahrung ihrer nationalen Entscheidungsbefugnisse, genau wie an anderen Stellen auch, etwa in der Agrar- oder Außenpolitik. Dazu kommt, dass der amtierende EU-Digital-kommissar Günther Oettinger, ein echter Schwabe, eher in industriellen Lösungen von oben denkt, also in klassischen hierarchischen Strukturen. Kritiker werfen ihm deshalb vor, das Wesen des Internets mit seinen dezentralen Strukturen nicht wirklich verstanden zu haben.

Echter digitaler Fortschritt kommt von unten, und er lässt sich kaum zentral steuern. Aber leider fehlt in Deutschland der notwendige Aufbruchsstimmung, um einen Boom wie in den USA zu tragen. Die sogenannte Gründerquote, also der Anteil der Gründer an der Bevölkerung im Alter zwischen 18 und 65 Jahren, sank von einem Allzeithoch in den Jahren der „Dot-com-Blase" 2001/2002, wo sie bei fast drei Prozent lag, bis 2012 auf mickrige 1,5 Prozent. Zwar steigt die Quote seitdem wieder leicht an, aber als Garant für die wirtschaftliche Zukunftssi-cherung in Deutschland ist der fehlende Elan deutscher Grün-der ein Armutszeugnis.

Treppenwitz: Geht ein Start-up zur Bank

Und selbst wenn ein junger Deutscher eine Idee hat, werden ihm bei der Realisierung regelmäßig Knüppel zwischen die Beine geworfen. „Geht ein Start-up-Gründer zur Bank", lautete in den letzten Jahren der kürzeste Witz in der Finanzbranche. Nur zehn Prozent aller Gründer von Hightech-Unternehmen, die im Rahmen des *Startup Monitors 2014* des Bundesverbands Deutscher Startups (DSM) und der Hochschule für Wirtschaft und Recht Berlin befragt wurden, nannten Bankkredite als eine ihrer Finanzierungsquellen. Unter denjenigen Hi-Tech Start-ups, die seit weniger als zwölf Monaten bestanden, waren es sogar nur fünf Prozent. Zum Vergleich: Im herkömmlichen Gründungsmarkt greift mehr als ein Viertel aller Gründer auf ein Bankdarlehen zurück.

Deutsche Gründer bezeichnen neben dem schwierigen Zugang zu Kapital vor allem die in Deutschland verbreitete geringe Toleranz gegenüber dem Scheitern als kritisches Hemmnis für die Gründung von Unternehmen. Berlin gilt nicht nur wegen des ewigen Dauerbrenners Flughafen als Hauptstadt des Scheiterns: Hier gehen auch die mit Abstand meisten Start-ups wieder baden. Das liegt aber auch daran, dass es in der Hauptstadt einfach die meisten Gründer gibt. Das Thema „Scheitern" sei deshalb in Berlin nicht so stark tabuisiert, wie in anderen deutschen Städten, meint Anna Theil, Geschäftsführerin der Crowdfunding-Plattform Startnext.

Viele Gründer umgehen das Problem fehlender Bankkredite, indem sie sich direkt bei den Menschen über Crowdfunding-Plattformen Geld leihen. So stellten beispielsweise tausende private (Klein-)Kapitalgeber rund 110.000 Euro zur Verfügung, um die Idee zweier Gründerinnen in Kreuzberg zu finanzieren, nämlich ein Supermarkt ganz ohne Verpackung! Inzwischen bieten Sara Wolf und Milena Glimbovski in ihrem Laden mehr als 350 Produkte lose oder in Mehrwegbehältern an, von Nudeln in Tüten oder selbst gemahlenem Kaffee bis zu Gewürzen und Süßigkeiten in durchsichtigen Spendern oder sogar „Zahnpasta ohne Tube" (als Kautabletten – „funktioniert genauso", meint eine der Gründerinnen).

Und so muss wohl selbst die allgewaltige Finanzbranche auf Dauer befürchten, dass sie und ihr Geschäftsmodell im Zuge der Digitalen Transformation zunehmend marginalisiert werden. „Who needs banks", titelte das Wirtschaftsmagazin Forbes angesichts der Tatsache, dass ein Viertel aller US-Haushalte inzwischen zumindest teilweise ihre Finanztransaktionen außerhalb des traditionellen Bankensystems abwickeln. So stieg der Umsatz von PayPal von 800 Millionen Dollar im ersten Quartal 2010 auf über 2,1 Milliarden Dollar im vergleichbaren Zeitraum 2015.

*

Diese und viele andere Beispiele zeigen deutlich, dass keine Branche und kein Unternehmensbereich vom Digitalen Wandel ausgeschlossen bleibt. Es wird interessant sein, im Laufe dieses Buches zu sehen, wie weit diese Veränderungen schon greifen und wie Unternehmen und Führungskräfte darauf reagieren – oder nicht reagieren.

Digitale Transformation ist ein großes Rennen, und der Preis ist heiß: Es geht um die Zukunft des Wirtschaftsstandorts Deutschland und damit um unser aller Wohlstand und Wohlergehen. Der Startschuss ist längst gefallen, aber einige stehen immer noch an der Startlinie und wissen nicht, in welche Richtung sie loslaufen sollen. Nach der Lektüre dieses Buchs werden sie hoffentlich wenigstens wissen, wohin der Weg führt und was von ihnen erwartet wird. Aber laufen müssen sie schon selbst.

Kapitel 1:
Der digitale Durchblick

„Wenn Siemens wüsste, was Siemens weiß."
Heinrich von Pierer, 1995

Die Digitale Transformation beginnt und endet in der Chefetage, aber sie durchzieht alle Unternehmensbereiche. Wenn Digitalisierung alles verändert, dann ist auch klar, dass digitale Veränderung gleichzeitig und an vielen Orten stattfindet. Unternehmen erfinden sich sozusagen laufend neu. Die alles entscheidende Frage lautet deshalb: Wie behält man als Führungskraft den Überblick und stellt die richtigen Weichen?

Aufgabe der Unternehmensleitung ist es deshalb, die Transparenz von Unternehmensprozessen laufend zu erhöhen und Daten, die ja nichts anderes sind als Informationen, pausenlos in Wissen zu verwandeln. Doch der Alltag in den meisten Unternehmen sieht anders aus: Sie ist von einer Art „digitaler Inselbildung" geprägt – Systeme, die durchaus in der Lage sind, die in sie gestellte Aufgabe zu erfüllen, aber komplett außerstande, das generierte Wissen unternehmensweit zu verteilen und sicherzustellen, dass es wirklich von allen genutzt werden kann. Firmenchefs müssen deshalb eine digitale Strategie entwickeln und dafür sorgen, dass jeder sie verstanden hat und als Marschzahl nutzt.

Der Seufzer von Siemens-Chef Heinrich von Pierer ging um die Welt: „Wenn Siemens wüsste, was Siemens weiß", so der legendäre Vorstandschef, „dann wären unsere Zahlen noch besser." Das war auf der Bilanzpressekonferenz von Deutschlands größtem Technologiekonzern in München – im Jahre 1995!

Tatsächlich schlummern in jedem Unternehmen ungeahnte Schätze in Form von digitalen Informationen. „Daten sind das Erdöl des 21. Jahrhunderts", schrieb der Medienfuturist Gerd Leonhard.

Leider sehen das viele Unternehmer und Manager nicht so. Für sie ist das Sammeln und Verarbeiten von Daten kein Teil der Gewinnstrategie, sondern ein Kostenfaktor. Doch damit kommt man im Digitalzeitalter nicht weiter. Daten sind heute ein Teil des Betriebsvermögens, wie Maschinen, Gebäude, Rohstoffe und Fahrzeuge.

Daten kommen heute in vielen Formen und Formaten daher: als Einträge in Datenbanken, aber auch per Mail, Fax oder als Tonaufnahmen, etwa von Unterhaltungen zwischen Kunden und Callcenter-Mitarbeitern. Fachleute sprechen von „nicht-kodierbaren Daten", und sie liegen in fast jedem Unternehmen bis heute brach, sozusagen riesige digitale Mülldeponien, ungenutzt und ungeliebt.

Das Geschäftsmodell von Daniel Fallmann ist ein Teil der Abfallwirtschaft: das Recyceln digitaler Datenhalden. Der Chef der Linzer Firma Mindbreeze möchte eine Art „Google für Unternehmen" schaffen: ein Gerät, das tief in das Innerste von Systemen eindringt und die dort schlummernden Informationsschätze durchsuchbar und damit auffindbar macht. Damit will er Chefs und Sachbearbeitern ein Werkzeug in die Hand geben, das vorhandenes Wissen in einen verwertbaren Rohstoff umwandelt – sozusagen die Antwort auf von Pierers 20 Jahre alte Frage: „Was weiß Siemens?"

Fallmanns Lösung ist eine „Black Box", ein Schwarzer Kasten, der aussieht wie ein typischer Server und der Verbindungen zu allen vorhandenen digitalen und semidigitalen Systemen im Unternehmen herstellt, um die dort vorhandenen Daten zu katalogisieren – so wie es die Suchroboter von Google für das globale System des World Wide Web tun.

Big Data ist kein Selbstzweck

Damit steht die kleine Firma aus Oberösterreich mit an der Spitze einer weltweiten Bewegung, die sich etwas irreführend „Big Data" nennt – ein Begriff, den nur ein technikverliebter Computernerd lieben kann. Jeder andere denkt dabei unwillkürlich an George Orwells schaurigen Zukunftsroman *1984* und an den Big Brother, der Herrscher über einen utopischen Unrechtsstaat, in der Bürger ausgespäht, verfolgt und am Ende gleich- oder ausgeschaltet werden – eine Vision, die mit den Enthüllungen des ehemaligen Geheimdienstmitarbeiters Edward Snowdon eine ungewollte Aktualität bekommen hat.

Nur: Das Ziel von Big Data ist ja eigentlich gar nicht das Sammeln möglichst vieler Informationen, sondern vor allem die Umwandlung des „Rohstoffs" Information in verwertbares Know-how: Wissen um die Kunden und ihre Vorlieben und Abneigungen, das Wissen um die Abläufe der Unternehmensprozesse und deren Aussteuerung, um Reibungsverluste zu vermeiden und die Produktivität der Mitarbeiter zu erhöhen. Es geht, kurz gesagt, um Transparenz.

Die Analysten der Altimeter Group haben eine Definition von Digitaler Transformation geliefert, die genau diese Aufgabe in den Mittelpunkt stellt, nämlich die „Neuausrichtung von Technologien und Geschäftsmodellen, um die Zusammenarbeit mit den digitalen Kunden an möglichst jedem Berührungspunkt mit dem Unternehmen und den Lebenszyklus der Kundenbeziehung zu verbessern".

Umgekehrt bedeutet das: Nicht jede Investition in Dinge wie Big Data, Social Media oder mobile Anwendungen zahlt sich automatisch aus. Sie müssen im Gesamtzusammenhang des Unternehmens und seiner Geschäftstätigkeit gesehen, eingebunden und nutzbar gemacht werden.

Digitale Transformation hat deshalb weniger mit Technologie und mehr mit Infrastruktur, mit Organisationsmodellen und mit Führungsqualität zu tun. Es geht um ein neues Bewusstsein, das vielleicht am besten mit dem Schlagwort „digital first" beschrieben werden kann: Die Ausrichtung aller unternehmerischen Aktivitäten darauf, den maximalen Nutzen aus dem Einsatz neuer Digitaltechnologien zu ziehen.

Das heißt, nicht das Sammeln von Daten ist wichtig, sondern die Kompetenz, Zusammenhänge besser zu verstehen. „Eine wesentliche Stärke von Big Data ist die Fähigkeit, Korrelationen und Muster dort zu erkennen, wo Menschen nur Datenchaos sehen", wie Daniel Fallmann behauptet. In einem Report der Analystenfirma Gartner über das Mindbreeze-System heißt es: „Maschinen werden in Zukunft intuitiv genug sein, um menschliche Absichten zu verarbeiten, statt nur auf Anweisungen zu reagieren."

In jedem Unternehmen werden täglich Tausende von elektronischen „Briefen" empfangen, aber auch „richtige" Briefe auf Papier mit Unterschrift und Eingangsstempel. Faxgeräte arbeiten heute längst schon zumindest intern digital, aber das Ergebnis wird als Papierdokument abgelegt. Viele Unternehmen betreiben eigene Seiten auf Facebook oder anderen Kanälen im Social Web, die gelesen, gescannt, kategorisiert und dann an die entsprechenden Mitarbeiter weitergeleitet werden. Geschieht das manuell, dauert es viel zu lang, und der Mensch macht nun einmal hin und wieder Fehler, legt die Information falsch ab und vertippt sich ganz einfach. Ergebnis: Die Information ist zwar noch da, aber nutzlos – eben digitaler Müll.

Ein Computer, der wie ein Mensch denkt

Einem Unternehmen entgeht dabei vielleicht ein Gewinn. In der Medizintechnik stehen dagegen Menschenleben auf dem Spiel. Um schnell zur richtigen Diagnose zu gelangen und wirkungsvolle Therapiemaßnahmen verschreiben zu können, sind Krankenhausärzte heute auf moderne Informationssysteme angewiesen. Ein solches System müsste idealerweise nicht nur in der Lage sein, individuelle Patientendaten, wie Krankheitsbild oder Medikamentenunverträglichkeiten, auszuwerten, sondern diese auch mit internen und externen Quellen, wie Wirkstoffdatenbanken, Medikamentenkataloge und wissenschaftlichen Veröffentlichungen, oft in unterschiedlichen Sprachen geschrieben, in Verbindung setzen. Die richtige Information zur richtigen Zeit am richtigen Ort – so lautete vor einigen Jahren noch das Firmenmotto von IBM – und wurde von Insidern oft als anmaßend und irreführend belächelt.

Heute ist der modernste IBM-Computer, der auf den Namen „Watson" hört (benannt nach dem legendären CEO Thomas J. Watson, der das Unternehmen von 1914 bis 1956 führte und den Aufstieg zu einem Weltkonzern begleitete), in der Lage, einem Krebsarzt Therapieempfehlungen zu geben, die exakt auf die persönliche Situation und das Krankheitsbild jedes einzelnen Patienten abgestimmt sind. Die Ergebnisse werden nach dem wahrscheinlichen Heilungserfolg aufgelistet. Die endgültige Entscheidung darüber, welche Behandlung angewendet soll, trifft aber weiterhin der Arzt allein. „Watson ersetzt den Mediziner nicht, er ist aber der perfekte persönliche Assistent", sagt Matthias Kaiserswerth, der bis 2015 das IBM-Forschungslabor in Zürich leitete. Dort wird bereits an der nächsten Generation sogenannter „kognitiver" Computer gearbeitet, die Daten nach dem Vorbild des menschlichen Gehirns mithilfe von synaptischen Verfahren verarbeitet.

Diese „nächste Generation der IT" wird in einigen Jahren jedem Unternehmen zur Verfügung stehen, und zwar über dezentrale

Computerlösungen aus der „Cloud". Schon heute lassen sich auf diese Weise modernste Computerleistungen abrufen, ohne dass ein Unternehmen selbst in teure Hard- oder Software investieren muss. Das hat konkrete betriebswirtschaftliche Vorteile: Kapitalkosten können in Betriebskosten umgewandelt und deshalb sofort steuerlich wirksam gemacht werden.

„IT as a Service verschafft Unternehmen mehr Freiraum für ihr Kerngeschäft und für Innovation", ist Tolga Erdogan überzeugt. Der Direktor für Solutions & Consulting bei Dimension Data, einem weltweit führenden Anbieter für Netzwerk- und Kommunikationstechnologien mit Sitz in Südafrika, hält dezentrale IT-Dienstleistungen für den „Turbo für die Digitale Transformation in den Unternehmen". Von ihnen geht seiner Meinung nach eine erhebliche Zentrifugalkraft aus, die Unternehmen immer stärker in Gewinner und Verlierer unterteilt nach dem Motto der Lottozentralen: Nur wer mitmacht, kann gewinnen!

Tatsächlich greift der Wandel durch Digitaltechnologien häufig direkt in die Grundlagen der Wirtschaft ein und verändert ganze Branchen – mit oft verheerenden Folgen für einzelne Unternehmen. Dieser Vorgang wird heute gerne als „Disruption" beschrieben. Sie steht immer mehr im Mittelpunkt der Digitalen Transformation.

„Ist die kreative Zerstörung noch zerstörerischer geworden?", fragte bereits 2010 der inzwischen emeritierte Professor John Komlos[1] von der LMU München. Der Wirtschaftshistoriker glaubt, dass die digitale Revolution das Potenzial besitzt, mehr Jobs zu vernichten als neue zu schaffen. Er verweist unter anderem auf das Unternehmen Kodak, das fast 100 Jahre den Weltmarkt für Fotomaterial dominierte und 2012 Insolvenz anmelden musste. Dadurch wurden 145.000 Arbeitsplätze vernichtet, die meisten davon typische Mittelklassejobs. Die neuen Vorzeigeunternehmen der Digitalbranche beschäftigen dagegen

---

[1] Has Creative Destruction Become More Destructive?, John Komlos (2014), NBER Working Paper No. 20379, www.nber.org/papers/w20379.

meist nur noch hoch- bis höchstqualifizierte Mitarbeiter und davon viel weniger als früher. Apple, das wertvollste Unternehmen der Welt, hatte im Herbst 2014 beispielsweise gerade einmal 96.000 Menschen auf der Gehaltsliste stehen.

Auch wenn John Komlos vielleicht zu pessimistisch in die digitale Zukunft blickt: Klar ist, dass die Veränderung durch die Digitale Transformation bis hinunter zum einfachsten Mitarbeiter spürbar sein wird. Der Druck auf den Einzelnen, sich an neue betriebliche Anforderungen anzupassen, wird in den kommenden Jahren steigern. Umgekehrt heißt das für die Unternehmen: Der „War for talent", der Kampf um die besten Mitarbeiter, wird immer heftiger geführt werden. Die Chance, auf dem freien Arbeitsmarkt den Bedarf an qualifizierten Leuten zu decken, sinkt immer mehr.

46 Prozent der Unternehmen in Deutschland leiden schon 2015 unter akutem Fachkräftemangel, so eine Studie der internationalen Personalagentur Manpower – sechs Prozent mehr als ein Jahr zuvor. Die Folge: 58 Prozent der befragten Unternehmen gaben an, lukrative Kundenaufträge ablehnen zu müssen, weil die nötigen Spezialisten fehlen. Dieses Problem sei in Deutschland im Vergleich zu anderen Ländern am größten, behaupten die Autoren der Studie. In Irland haben beispielsweise nur elf Prozent der Firmen Probleme, offene Stellen zu besetzen, im Großbritannien und den Niederlanden seien es lediglich 14 Prozent. Nur in einigen osteuropäischen Ländern sowie im aktuellen „Problemland" Griechenland sei es noch schwieriger, Mitarbeiter mit bestimmten Qualifikationsprofilen zu finden.

Management durch Vertrauen

Die Probleme sind teils selbstverschuldet: Die eingangs erwähnte BITKOM-Studie, wonach 70 Prozent der deutschen Arbeitgeber von ihren Mitarbeitern unbedingte Präsenzpflicht verlangen, macht sie in den Augen vieler junger Menschen aus der Generation der „Digital Natives" als Arbeitgeber unattraktiv. Kluge Personalchefs buhlen deshalb um junge Talente, indem sie über die sozialen Medien mit ihnen Kontakt aufnehmen, noch bevor sie Schule oder Uni verlassen haben. Dort versuchen sie, das eigene Unternehmen in einem besonders positiven Licht erscheinen zu lassen; „Employer Branding" gehört inzwischen für viele Unternehmen insbesondere in den Tech-Branchen zum Standardrepertoire der Personalwerbung. Der Arbeitgeber als Marke: So sehr hat sich die Welt durch die Digitalisierung schon verändert.

Aber die neuen Werte müssen auch vorgelebt werden. Das Schlimme an der erzwungenen Präsenz der Mitarbeiter ist vor allem deren Ursache: Vorgesetzte sind ihren Mitarbeitern gegenüber zutiefst misstrauisch. 33 Prozent der Arbeitgeber sind überzeugt, dass die Arbeitsproduktivität der eigenen Leute sinkt, wenn diese sich unbeobachtet fühlen. 27 Prozent der deutschen Vorgesetzten stört es, dass ein Mitarbeiter im Homeoffice nicht ständig erreichbar ist. Wo kommen wir denn hin, wenn der Kollege nicht sofort auf der Matte steht, wenn der Chef ihn ruft?

Digitale Transformation hat also zu allererst mit Unternehmenskultur zu tun, und die muss sich dringend ändern, wenn deutsche Unternehmen den Anschluss an die Zukunft halten wollen. Führungskräfte von heute (und morgen sowieso) müssen dabei die Erfolgsmodelle der Digitalisierung in ihre tägliche Führungspraxis übernehmen. „Das erfordert maximale Transparenz", sagt Dr. Willms Buhse, Experte für Digital Leadership und Gründer von doubleYUU, einem auf digitale Führungsprinzipien spezialisierten Personalberatungsunternehmen in Hamburg.

Für ihn zählen dazu Partizipation der Mitarbeiter an relevanten Entscheidungsprozessen sowie Agilität in der Planung von Geschäftsprozessen. Das wiederum heißt Abschiednehmen von hierarchischen Organisationsformen und Aufbau vernetzter Strukturen im Unternehmen. Dass Chefs dabei lernen müssen loszulassen und ihren eigenen Mitarbeitern besser zu vertrauen, versteht sich von selbst.

Das geht natürlich nur, wenn der Mitarbeiter weiß, was von ihm erwartet und beim Definieren seiner Ziele selbst beteiligt wird. „Ergebnisorientierte Führung" lautet das Zauberwort. Allerdings will diese Art der Führung durch Zielvereinbarung gelernt sein. Zum Beispiel zwingt es den Chef, sich über die Strategie seines Unternehmens völlig im Klaren zu sein; sie erfordert Einsicht in die Zusammenhänge von Unternehmens-, Bereichs- und Abteilungszielen sowie eine verbesserte Abstimmung mit anderen Bereichen.

Kontrolle reduziert sich in einem solchen System auf eine Überprüfung der Zielerreichung und Abweichungsanalysen. Für den Mitarbeiter winken vor allem größere Zufriedenheit und höhere Motivation durch Beteiligung am Zielfindungsprozess sowie nachhaltigere Erfolgserlebnisse, wenn die gemeinsam vereinbarten Ziele erreicht werden.

Vernetzung als Unternehmensprinzip

Ein aufmerksamer Chef wird sich beim Rundgang durch die unterschiedlichen Bereiche seines Unternehmens heute schon klar darüber sein, dass vieles nicht mehr so funktioniert wie früher. Dabei steht die Digitale Transformation noch ganz am Anfang eines langen Weges. Die zunehmende Vernetzung endet ja bekanntlich nicht an der Pförtnerloge, sondern erstreckt sich hinaus und erfasst Partner, Zulieferer, Berater und vor allem die eigenen Kunden, die allesamt zunehmend als Teil des eigenen Unternehmens funktionieren und verstanden werden müssen.

In diesem Buch werden wir Schritt für Schritt und Bereich für Bereich die Auswirkungen der Digitalen Transformation erkunden und Lösungsansätze diskutieren. Aber es lohnt sich an dieser Stelle, schon einmal die Helikopterperspektive einzunehmen und einige der wirkungsvollsten Trends in den wichtigsten Kernabteilungen eines typischen Unternehmens anzuschauen.

Vertrieb: Verkaufen war früher eine Kunst; heute ist es eine Wissenschaft. Kaufentscheidungen fallen immer häufiger schon lange, bevor ein Kunde in den Laden kommt oder auf der Website eines Unternehmens landet. Im „Vertrieb 2.0" spricht man von der „Customer Journey", der Reise des Kunden zum Produkt, die in aller Regel ohne Einfluss des Anbieters beispielsweise im Social Web beginnt, wo Kunden sich mit anderen Kunden über ihre Erfahrungen und Vorlieben austauschen und sich so einer Kaufentscheidung langsam nähern.

Wie ein immer enger werdender Trichter führt die Reise oft über mehrere Plattformen, wie Facebook, Twitter oder YouTube, zunächst auf die Seiten einflussreicher Blogger, die es geschafft haben, sich einen Ruf als ebenso sachkundige wie neutrale Berater aufzubauen. Erst dann führt der Weg des Kunden zu einem Webshop oder der Homepage der Firma. Und da ist die Entscheidung in aller Regel schon längst gefallen.

Die Funktion der Website ändert sich also: Sie ist nicht mehr das Schaufenster der Firma im Cyberspace, vor dem Kunden auf und ab flanieren und sich interessiert die Auslagen anschauen. Sie wird zunehmend zum Abwicklungs- bzw. Transaktionsportal, wo der Kunde mit möglichst wenigen Mausklicks seine Bestellung aufgeben möchte. Generationen von Web-Designern haben ihr Kreativpotenzial ausgelebt (und gut dafür kassiert), indem sie möglichst attraktive, werbewirksame Online-Auftritte für Firmen geschaffen haben. Heute hat der Kunde keine Zeit mehr für blinkende Banner oder hochauflösende Bilder und Grafiken, die auch im Zeitalter von Highspeed-Internetanschlüsse immer noch Ladezeit in Anspruch nehmen: Der Kunde will aber alles JETZT! Firmen müssen also umdenken: Geschwindigkeit und Bedienkomfort sind heute wichtiger als bunte Bildchen.

Marketing: Früher war es die Aufgabe der Unternehmenskommunikation, möglichst werbestarke Botschaften zu formulieren und diese breit gestreut nach außen zu tragen. Aber Märkte sind heute Unterhaltungen, und Marketingabteilungen müssen lernen zuzuhören. Das fällt ihnen oft schwer und vor allem rührt es an ihrem Selbstverständnis.

„Inbound Marketing" moderner Prägung hat die Aufgabe, die Kunden im Internet aufzuspüren und sie dort ins Gespräch zu verwickeln. Das ist gar nicht so einfach, denn der Kunde hat die unangenehme Art, sich seine Gesprächspartner selbst aussuchen zu wollen. Wer plump hereinplatzt, hat meistens schon verloren.

Stattdessen muss das Marketing Geduld aufbringen und vor allem lernen, dem Kunden zuzuhören. Es muss dann das Gehörte ins Unternehmen zurücktragen und an die zuständige Stelle weiterleiten. Das kann beispielsweise die Produktentwicklung sein, die wissen muss, was sich die Kunden wirklich wünschen. Es kann der Kundendienst sein, der auf diese Weise erfährt, dass Kunden aus einem bestimmten Grund mit dem Unternehmen unzufrieden sind, um dann Kontakt mit ihnen aufzunehmen und zu versuchen, verstimmte Kunden in zufriedene umzuwandeln – denn die sind, wie die jahrzehntelange Erfahrung im Beschwerdemanagement zeigt, später oft die treuesten.

Logistik: Auch im Zeitalter stetig wachsenden Online-Handels müssen die meisten (physikalischen) Güter auf den Weg zum Kunden gebracht werden – und häufig auch wieder zurück. In manchen Produktbereichen des Online-Handels, wie Damenmode oder Sportbekleidung, beträgt die Retourenquote häufig 40 Prozent und mehr. Dabei werden die Kunden immer anspruchsvoller. Ihnen genügt es nicht mehr, per Mail mitgeteilt zu bekommen, an welchem Tag die Ware angeliefert wird. Sie sollen vielmehr wissen, um welche Uhrzeit mit der Lieferung zu rechnen ist – und wehe, der Paketmann ist nicht zur vereinbarten Stunde da!

Gewiefte Anbieter gehen dazu über, ihren Kunden die Möglichkeit anzubieten, online Bestelltes selbst abzuholen, etwa im Supermarkt oder in einer Filiale des Unternehmens. Der nächste Schritt wird sein, ihm auch die Wahl zu lassen, wo er gegebenenfalls die Ware zurückbringen kann – ein logistischer Albtraum, der nur durch den Aufbau leistungsstarker vernetzter Warenströme zu bewältigen sein wird.

Andere Unternehmen entdecken inzwischen das neue Geschäftsmodell des „Crowd Shipping": Kunden, die gerade von A nach B reisen, nehmen Pakete für andere Kunden mit und liefern sie direkt aus. Uber, das Unternehmen, das gerade dabei ist, den Taxifahrern dieser Erde das Leben schwer zu machen, experimentiert bereits in amerikanischen Großstädten mit solchen privaten Lieferdiensten – und macht sich damit nun auch Fahrradkuriere und Paketdienste zum Feind.

Fertigung: Die Digitale Transformation wird die Welt der produzierenden Wirtschaft ebenso nachhaltig revolutionieren, wie sie es in den vergangenen 20 Jahren in der Wissensarbeit getan hat. Mit dem Aufbau von „smarten" Fabriken hofft die Industrie, Kosten zu senken und Reibungsverluste zu eliminieren. 3D-Drucker werden heute schon dazu verwendet, komplizierte Bauteile „aus einem Guss" herzustellen, die früher oft mühsam aus unterschiedlichen Materialien zusammengesetzt werden mussten. Vernetzte Werkbänke können durch Einspielen einer neuen Software sekundenschnell umgerüstet werden. Bei der Bosch-Rexrodt AG in Lohr am Main werden viele verschiedene Hydraulikventile für Landmaschinen auf ein und derselben Maschine hergestellt, und es ist auch jederzeit möglich, sofort neue Varianten „einzuspielen".

In der intelligenten Fabrik, Stichwort „Industrie 4.0", verändert sich auch die Rolle des Fabrikarbeiters: Statt selbst Hand anzulegen, hat er oft nur noch eine Aufsichtsfunktion. Kollege Roboter verrichtet die schwere und unbequeme Arbeit besser und kostengünstiger. Dadurch wird aber auch die Konkurrenz von Mensch und Maschine angeheizt: Viele Jobs, die heute das Fingerspitzengefühl eines Fachmanns erfordern, werden künftig von Robotern und Fertigungsmaschinen erledigt. Ganze Berufszweige sind bedroht.

Doch andererseits bietet die zunehmende Automatisierung möglicherweise einen Ausweg aus dem Engpass, der in den nächsten Jahren gerade in Deutschland aufgrund des demographischen Wandels entstehen wird. VW klagt heute schon darüber, nicht mehr ausreichenden Ersatz für ausscheidende Facharbeiter der „Babyboomer-Generation" finden zu können. Freilaufende „Robbies" sollen dem Fachkräftemangel abhelfen. Doch dazu müssen die Roboter erst einmal aus ihren Käfigen entlassen werden. Die nächsten Innovationsschritte in der Fertigungstechnik zeichnen sich damit schon klar ab.

Digitale Transformation ist Chefsache – aber nicht nur!

Alle diese Entwicklungen erfordern ein Höchstmaß an Digitalisierung und Vernetzung. Darauf müssen sich Unternehmen heute konzentrieren, wenn sie die Digitale Transformation erfolgreich bewältigen wollen. Dass sich daraus neue Probleme, etwa im Bereich des Datenschutzes ergeben, ist klar: Wem gehören beispielsweise die Baupläne eines Ersatzteils, die ein Lieferant zum Kunden schickt, um sie auf seinem eigenen 3D-Drucker auszudrucken? Wie verhält es sich mit den Daten der Mitarbeiter, die als Berechtigungsnachweis beim Betrieb einer smarten Fabrik eingegeben werden müssen? Wer ist schuld, wenn ein sich selbst steuernder Roboter einen Mitarbeiter verletzt oder ein selbstfahrender Gabelstapler einen Unfall verursacht?

Die Fragen, die sich aus der Digitalen Transformation ergeben, tangieren also alle Bereiche eines Unternehmens, aber sie reichen auch weit darüber hinaus. Es sind gesellschaftliche Probleme zu lösen. Ängste, die bei Mitarbeitern und Kunden entstehen, müssen angesprochen werden. Digitale Transformation ist also ein ganzheitlicher Veränderungsprozess, und er erfordert ganzheitliches Denken. Damit ist Digitale Transformation eindeutig in der Chefetage angesiedelt, denn niemand sonst verkörpert das ganze Unternehmen so sehr wie derjenige, der dafür die Verantwortung trägt.

Thomas Edison, der große Erfinder, hat einmal gesagt: „Genialität besteht zu zwei Prozent aus Inspiration und zu 98 Prozent aus schweißtreibender Arbeit." Hinter der Digitalen Transformation stecken unzählige geniale Ideen. Sie umzusetzen wird die echte Kärrnerarbeit sein.

Fragen, die Sie sich in diesem Moment stellen sollten:

1. Wie viel ungenutztes Wissen schlummert wohl in unserem Unternehmen?
2. Was tun wir, um dieses Wissen verwertbar und damit strategisch nutzbar zu machen?
3. Sind alle Bemühungen in unserem Unternehmen wirklich auf das Wohl unserer Kunden ausgerichtet oder denken bei uns zu viele eher an sich selbst?
4. Müssen wir wirklich eine eigene Unternehmens-IT betreiben, oder könnten wir nicht mit Cloud Computing Ressourcen freimachen für unser Kerngeschäft?
5. Wer gehört in Zukunft zu unseren Konkurrenten? Sind es vielleicht Branchenfremde, und haben wir sie wirklich alle im Auge?
6. Würde sich ein „Digital Native" in unserem Unternehmen wohlfühlen?
7. Welchen Eindruck bekommen junge Menschen von unserer Firma, wenn sie unsere Website besuchen oder auf Facebook lesen, was unsere Mitarbeiter und Kunden über uns denken?
8. Wissen wir überhaupt, was sie über uns denken – und sagen?
9. Haben sich die Verantwortlichen in den einzelnen Abteilungen unseres Unternehmens schon einmal Gedanken über mögliche Folgen der Digitalen Transformation in ihren Bereichen gemacht?
10. Verfügen wir über eine Digitalstrategie, und ist dabei die Unternehmensleitung mit im Boot?

Kapitel 2:
Verkaufen war gestern

„Märkte sind Unterhaltungen"
Doc Searls im „Cluetrain-Manifest"

Der Kunde ist im Zeitalter des Internet wirklich König – und zwar kein gütiger Monarch, sondern ein mächtiger Despot! Wer ihm heute etwas verkaufen will, muss sehr genau wissen, was seine Majestät will, sonst zieht man womöglich den königlichen Zorn auf sich, und dann wird es ganz schnell ungemütlich, wenn nicht sogar existenzbedrohend für den Anbieter. Über die sozialen Medien tauschen Kunden in Windeseile ihre Erfahrungen mit einzelnen Anbietern und Produkten aus.

Verkaufen heißt heute deshalb vor allem eines: kommunizieren mit dem Kunden! Nur wer es schafft, als Gesprächspartner angenommen zu werden, hat am Ende auch eine Chance, als Hoflieferant zum Zuge zu kommen. Ziel der Kundenkommunikation ist es heute, möglichst viel Wissen über den Kunden zu sammeln, denn dieser ist erstens anspruchsvoller und zweitens ungeduldiger denn je. In diesem Kapitel geht es um das veränderte Verhältnis zwischen Angebot und Nachfrage, um neue Wege zum Kunden und darum, wie man mit ihm einen Dialog auf Augenhöhe führen kann.

Zum Verkaufen gehören immer zwei: Anbieter und Kunde. Früher waren diese Rollen klar verteilt, und auch das Verhältnis zwischen beiden war eindeutig. Angebot und Nachfrage halten sich idealerweise die Waage, der faire Preis wird von der „unsichtbaren Hand des Marktes" ermittelt, wie der Schotte Adam Smith, der Vater der modernen Wirtschaftslehre, 1776 in *The Wealth of Nations* postulierte.

Das stimmte – bis das Internet kam und alles auf den Kopf stellte. Aus der unsichtbaren Hand ist sozusagen Volkes Stimme geworden. Und sie ist unüberhörbar.

Man muss ja nur in Facebook oder Twitter reinschauen oder die Unmenge von „Empfehlungsportalen" besuchen, um zu sehen, wie sehr der Markt zur Agora geworden ist – ein Marktplatz, auf dem Kunden vor allem eines tun: sich austauschen.

Im Zeitalter von Social Media verbringen die Menschen einen Großteil ihrer Zeit damit, sich mit anderen über ihre Einkäufe zu unterhalten, Tipps auszutauschen, Hersteller und Händler zu vergleichen, zu loben oder zu verreißen. Und wehe, wenn ein Anbieter plötzlich die öffentliche Online-Meinung gegen sich aufbringt, ob zu Recht oder nicht: Da fliegen dann die Fetzen und die dabei häufig verwendete Fäkalsprache rechtfertigt tatsächlich den Ausdruck „Shitstorm".

Um zu verstehen, was hier passiert ist, muss man einen Blick zurückwerfen in die kurze Geschichte des E-Commerce. Das heißt: So kurz ist sie auch wieder nicht, denn den Begriff gab es schon lange vor dem Internet oder jedenfalls bevor Otto-Normalverbraucher überhaupt irgendetwas über dieses globale Netzwerk gehört hatte, nämlich seit den 1970er Jahren.

Eine kurze Geschichte des E-Commerce

Als E-Commerce bezeichnete man damals die Abwicklung von Handelsprozessen über EDI („Electronic Data Interchange") und EFT („Electronic Funds Transfer") typischerweise zwischen großen Unternehmen, die bereits über die nötigen Computer und Datenleitungen verfügten. Die Boston Computer Exchange nahm schon 1982 den Betrieb auf und war der erste echte elektronische Marktplatz der Welt. Streng genommen muss man auch das Aufkommen von Geldautomaten, Kreditkarten und des Telefonbankings zu den frühen Formen von E-Commerce rechnen. Und mit dem Bildschirmtext-Dienst, kurz „BTX" genannt, der übrigens in Österreich schon im Juni 1982 und erst ein Jahr später in Deutschland startete, kamen auch breite Bevölkerungskreise erstmals mit einer Frühform des Online-Handels in Berührung.

So, wie wir heute den Begriff verstehen, startete E-Commerce im Jahr 1994. Die Wiege des E-Commerce über das Internet stand in Kiel. Dort machte sich eine kleine Gruppe von Studenten der Fachhochschule auf, um zu zeigen, dass es für das kurz zuvor eingeführte „World Wide Web" auch eine sinnvolle kommerzielle Anwendung geben könnte. Sie suchten einen Händler, der bereit war, sich von ihnen einen „Online-Shop" einrichten zu lassen. Sie wurden in Oldenburg in Holstein fündig, wo der Teehändler Frank Franken in einem alten Fachwerkhaus residierte und bei dem einer der Studenten regelmäßig seinen Tee kaufte. Der alte Herr Franken hatte zwar keinen Internet-Anschluss, wohl aber ein Faxgerät, und die jungen Internet-Pioniere programmierten neben einer recht einfachen Homepage auch eine Faxweiche, die E-Mails weiterleiten konnte. Klickte jemand auf „Bestellen", fing bei Frank Franken das Gerät zu piepen an, und die Bestellung kroch langsam als Fax aus der Maschine. Der alte Herr packte den Tee in ein Päckchen und brachte es zur Post – so einfach ging E-Commerce (die folgende Abbildung zeigt die Homepage der Teehandlung Frank Franken im Jahr 1994).

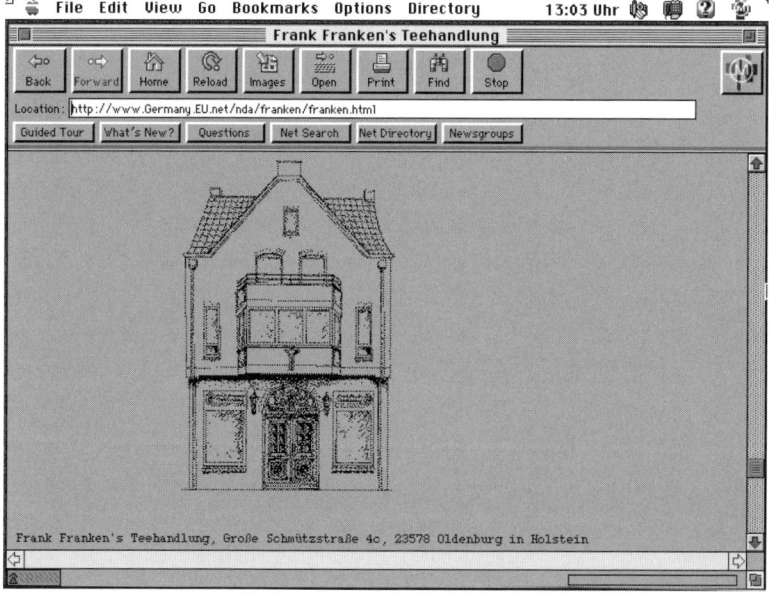

Zur gleichen Zeit gründete ein junger Amerikaner namens Jeff Bezos eine Firma, die er „Cadabra" nannte, und die 1995 anfing, Bücher über das Internet zu verkaufen. Der Name klang aber zu sehr wie „Kadaver", und außerdem wollte Bezos lieber einen Namen haben, der mit dem Buchstaben „A" beginnt, damit er in den damals aufkommenden Online-Suchmaschinen möglichst ganz am Anfang stehen würde. Er nannte seine Firma um in Amazon. Innerhalb von zwei Monaten verkaufte Amazon bereits jede Woche Bücher im Wert von 20.000 Dollar.

Kunststück? Während ein sehr großer Buchladen vielleicht 200.000 Titel auf Lager halten konnte, bot Amazon von Anfang an über eine Million Bücher an – ohne einen Cent für ein eigenes Buchlager bezahlen zu müssen. Ging eine Bestellung ein, besorgte sich Amazon das Buch beim Großhändler, packte es ein und schickte es direkt zum Kunden. Das erste Buch, das per Amazon gekauft wurde, war vom amerikanischen Computerwissenschaftler Douglas Hofstadter und hieß *Fluid Concepts and*

Creative Analogies: Computer Models of the Fundamental Mechanisms of Thought[2].

Amazon gilt heute als Inbegriff des erfolgreichen Online-Händlers, gefürchtet und verteufelt von der stationären Konkurrenz, denen er das Leben auf immer mehr Teilmärkten schwer macht: von Elektronik bis Kosmetik, von Gartenmöbel bis Damenmode. Dabei wird häufig übersehen, dass es bis zum Jahr 2003 dauerte, also zehn Jahre nach der Gründung, ehe Amazon zum ersten Mal eine schwarze Zahl schrieb. Und bis heute bleiben die Gewinne des mittlerweile börsennotierten Weltkonzerns regelmäßig weit hinter den Erwartungen der Analysten zurück. Der Grund dafür ist einfach: Bezos investiert immer noch fast jeden Dollar oder Euro, den er verdient, in den Ausbau des Unternehmens und in technologische Innovationen.

In den USA war Amazon beispielsweise ein Pionier auf dem Gebiet der „Same-day Delivery" – ein per Amazon bestelltes Produkt ist zumindest in den Ballungsgebieten schon am gleichen Tag der Bestellung beim Käufer. Damit stiehlt Amazon dem stationären Handel das letzte starke Argument gegen den Online-Einkauf: den Zeitvorteil. Das Bestellen bei Amazon ist genauso schnell und in der Regel sehr viel bequemer, als ins Auto zu steigen, in die Innenstadt zu fahren, dort im Buchladen mühsam nach dem gewünschten Titel zu suchen, zu bezahlen und anschließend im Feierabendstau nach Hause zu fahren.

Doch Bezos ist das immer noch nicht schnell genug: Mit der Ankündigung, Bestellungen per ferngesteuerter Flugdrohnen zustellen zu wollen, sorgte er Ende 2014 wieder für helle Aufregung im klassischen Handel, auch wenn die Pläne bislang an so banalen Dingen wie den Bestimmungen der zivilen Luftfahrt scheitern, die in den USA (wie auch in Deutschland) unbemannte Flüge über bebaute Gebiete verbieten.

---

[2] Fluid Concepts And Creative Analogies: Computer Models Of The Fundamental Mechanisms Of Thought, Douglas Hofstadter (1996), Basic Books, ISBN 978-0465024759.

Dass Amazon gut und vor allem schnell ist, hat sich unter den Kunden inzwischen herumgesprochen. Was sicher auch ein Grund dafür ist, dass der Umsatz von rund 7 Milliarden Dollar im Jahr 2004 auf fast 90 Milliarden Dollar in 2014 explodierte. In Deutschland war Amazon 2013 mit einem Umsatz von 5,7 Milliarden Euro die absolute Nummer eins im Online-Handel, in respektvollem Abstand gefolgt von Otto (1,8 Mrd. Euro) und Zalando (702 Millionen Euro).

Aber Amazon ist nur eine von vielen Erfolgsgeschichten aus der Welt des E-Commerce. Wobei die Früchte des Booms teilweise recht ungleich verteilt sind. So gilt Tschechien als das Land, in dem E-Commerce den höchsten Anteil am gesamten Handelsumsatz erzielt, nämlich fast ein Viertel. In Großbritannien wird am meisten pro Kopf der Bevölkerung online eingekauft, und China ist das Land mit dem rasantesten Wachstum in diesem Sektor, dicht gefolgt von Brasilien, das ebenfalls konstant zweistellige Zuwächse verzeichnet. Insgesamt dürfte Asien in den kommenden Jahren die spektakulärsten Wachstumsraten erleben. Laut einer Schätzung des Statistischen Bundesamts (Statista) wird dort der Online-Umsatz von rund 384 Milliarden Dollar im Jahr 2013 auf über eine Billion Dollar in 2017 steigen (siehe Abbildung).

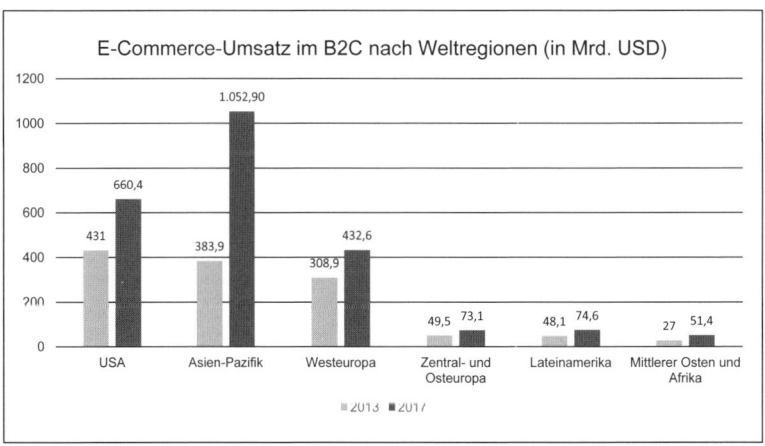

In Deutschland dürfte sich der Umsatz im Online-Handel laut Statista zwischen 2012 und 2015 verdoppelt haben (von 24,6 Milliarden auf etwa 49,8 Milliarden Euro). Viel wichtiger ist aber dessen volkswirtschaftliche Bedeutung, die 2014 bei über elf Prozent des gesamten Einzelhandelsumsatzes lag. Selbst in den Krisenjahren 2007/2008 und danach, als die deutsche Wirtschaft in Rezession und Wirtschaftskrise versank, verzeichnete der Online-Handel konstant zweistellige Zuwachsraten: Der E-Commerce-Zug ist offenbar nicht zu bremsen!

Die neue Macht des Kunden

Es liegt in der Natur des Internets, das es auch die Menschen verändert, die sich dort täglich tummeln. Es wird von einer neuen Anspruchshaltung der Kunden gesprochen, die ihre Bedürfnisse sofort befriedigt sehen wollen. Der viel zu früh verstorbene Offenbacher Internet-Guru Ossi Urchs[3] pflegte von einer „Generation jetzt!" zu sprechen, denen die Fähigkeit verloren geht, Geduld zu zeigen.

Die Anbieterseite wird dadurch massiv unter Druck gesetzt. Der Kunde ist heute wirklich König, aber er ist kein gütiger Monarch, sondern ein übler Despot. Das liegt an der steten Verschiebung der Machtverhältnisse im Markt – und zwar zugunsten des Kunden!

Die Ursachen für diese Machtverschiebung liegen auf der Hand. Dank des Internets verfügt der Kunde über Informationen, die ihn in die Lage versetzen, in seiner Kaufentscheidung wählerischer sein zu können als je zuvor.

---

[3] Digitale Aufklärung – Warum uns das Internet klüger macht, Ossi Urchs und Tim Cole (2013), Hanser, ISBN 978-3446436732.

Die „Machtmittel" der Kunden

- Ein globales Angebot: Da das Internet dem Fluss von Waren und Dienstleistungen so gut wie keine Grenzen setzt, kann es dem Kunden egal sein, ob sein Lieferant in München oder in Mumbai sitzt. Solange die Transportkosten nicht zu hoch sind, kann er sich leisten, denjenigen Anbieter zu wählen, der in Sachen Preis und Qualität seinen Vorstellungen am ehesten entspricht.

- Direkter Draht zum Händler: Wer bereit ist, lange genug im Internet zu suchen, kann in der Regel ein Produkt direkt bei demjenigen beziehen, der es herstellt, und muss nicht über Zwischenhändler gehen, deren Aufschläge und Provisionen die Waren natürlich immer teurer machen.

- Totale Preistransparenz: Mit wenigen Mausklicks kann jeder sehen, wie viel die Ware oder Dienstleistung woanders kostet. Früher kannte er meistens nur die Preise der Händler in seiner Nähe. Wer heute keine Lust hat, selbst auf Schnäppchensuche zu gehen, kann sich bei einem der unzähligen Preisvergleichs-Portale, wie *www.guenstiger.de*, *www.ciao.com* oder *www.geizkragen.de*, eine Liste der günstigsten Anbieter in seiner Region, seinem Land oder auf der ganzen Welt zusammenstellen lassen und in aller Ruhe seine Auswahl treffen.

- Ein Rückkanal: Statt wie früher mehr oder weniger stumm den Sirenengesängen der Anbieter ausgesetzt zu sein, hat der Kunde heute die Möglichkeit, jederzeit in einen Dialog mit dem Anbieter zu treten, Fragen zu stellen, Kritik zu üben, zu widersprechen oder sogar ein Gegenangebot abzugeben. Mittlerweile ist diese Möglichkeit des „Mitmachens" fast zu einer Lifestyle-Entscheidung geworden: Es ist chic, selbst aktiv zu werden.

Mit dem Entstehen des Internets und den damit verbundenen interaktiven Formen der Kommunikation zwischen Anbietern und Kunden ist also eine völlig neue Situation entstanden. Kunden sind besser denn je in der Lage, geeignete Produkte zu finden, sich über die verschiedenen Angebote zu informieren und vor allem ihre Wünsche und Bedürfnisse zu artikulieren. Anbieter sind deshalb gezwungen, das in ihren Geschäftsmodellen zu berücksichtigen.

Das heißt aber: Nur wer seinen Kunden wirklich gut kennt, wird in der Lage sein, ihm das zu bieten, was er will. Das Wissen um den Kunden wird so zu einem neuen, kritischen Erfolgsfaktor in einer Welt, die von direkten, personalisierten Kundenbeziehungen geprägt ist und in der Kunden mehr denn je Marktübersicht, Transparenz und Einfluss bei der Preisgestaltung haben.

Umgekehrt lohnt sich aber auch die Loyalität des Kunden für einen Anbieter, wenn für ihn erkennbar ist, dass „sein" Anbieter bereits eine Investition in die persönliche Beziehung zu ihm gemacht hat und daraus Vorteile zieht. Die Kunst des Anbieters besteht darin, dem Kunden dieses Mehrwertversprechen plausibel und begreifbar zu machen. Das tut er am besten, indem er dem Kunden stets „punktgenau" jene Produkte oder Dienstleistungen anbieten kann, die dieser wirklich braucht, und zwar genau dann, wenn er sie benötigt. Statt einer Einbahnstraße ähnelt der Markt im Internet-Zeitalter eher einem Telefonnetz, über das jeder mit jedem jederzeit in Verbindung treten und sich mit ihm austauschen kann.

Die Teilnahme an diesem neuen System ist nicht freiwillig, sondern obligatorisch, zumindest für den Anbieter. Was dieses „partizipatorische System" bedeutet, ist in den letzten Auswirkungen bislang nur schemenhaft zu erkennen. Je mehr Konsumenten auf diesen Trend aufspringen und sich von passiven „Konsumenten" zu aktiven „Prosumenten" wandeln, umso schwieriger wird es für den Anbieter, wie bisher selbstherrlich zu bestimmen, nach welchen Spielregeln ein Geschäft ablaufen soll.

Der Begriff des „Prosumenten" stammt übrigens vom Amerikaner Alvin Toffler, der ihn schon 1980 in seinem Buch *Die dritte Welle*[4] einführte. Er bezeichnet damit Personen, die gleichzeitig Konsumenten (con*sumer*) als auch Produzenten (*producer*) sind. Im Rahmen der Personalisierung von Gütern gibt der Prosument (freiwillig) Informationen über seine Präferenzen preis, welche die Grundlage für die Erstellung des

---

[4] Die dritte Welle, Alan Toffler (1997), Goldmann, ISBN 978-3442140305.

eigentlichen Gutes darstellen. Der Konsument wird Teil des Produktionsprozesses und somit zu einem gewissen Grad auch zum Produzenten des Gutes.

Fragen kostet (fast) nichts

Vor diesem Hintergrund wird es für den Anbieter natürlich überlebenswichtig sein, genau zu wissen, was der Kunde will. Um das herauszufinden, stehen ihm heute neue digitale Werkzeuge zur Verfügung, zum Beispiel für Online-Umfragen.

„Fragen kostet nichts", sagt der Volksmund. Und im Internet-Zeitalter stimmt das sogar. Selbst Inhaber kleiner Unternehmen können heute mithilfe oft sehr einfacher und vor allem kostengünstiger oder gratis zur Verfügung stehender Umfragetools systematische Befragungen ihrer (potenziellen) Kunden aufsetzen und durchführen. Die dadurch gewonnenen Erkenntnisse können dann direkt in das nächste Kundengespräch, aber auch in die Pressearbeit oder die Social-Media-Kommunikation einfließen.

Die Palette der Werkzeuge reicht beispielsweise von *Doodle*, ein Online-Terminfindungsservice, über die Umfrage-Plattform *Google Drive*, bis zu anspruchsvollen Umfragewerkzeugen wie *Survey Monkey*, das unterschiedliche Fragetypen bietet, wie Multiple Choice, eine Rangfolgeskala und eine Auswahlmatrix, sowie die Möglichkeit, die Ergebnisse der Umfragen per Knopfdruck in professionell aussehende Studien zu verwandeln und online zu veröffentlichen.

Eine ergiebige Quelle für Erkenntnisse über Kundenwünsche und -bedürfnisse sind heute vor allem die Sozialen Medien. Facebook bietet ein spezielles Werkzeug in Form einer „Umfrage-App" mit individuell anpassbaren Formularen an, die auch Bilder und Videos enthalten können, um sie auf der firmeneigenen Facebook-Seite darzustellen. Die Ergebnisse lassen sich in Übersichten und als Excel-Dateien abspeichern und später auf dem Laptop wiedergeben oder in Präsentationen integrieren. Neben der Erkenntnisgewinnung bieten solche Online-Umfragen sozusagen ganz nebenbei noch den berühmten „Facebook-Effekt": Kunden, die sich an der Umfrage beteiligt haben, können auf den „Like"-Button klicken und werben damit in ihrem eigenen Freundeskreis für die Umfrage des Anbieters.

Der neue Weg zur Ware

Das Wissen um den Kunden und seine Wünsche ist heute vor allem deshalb so wichtig, weil sich der Einkaufsvorgang selbst grundlegend verändert hat. Einkaufen war früher ein mehr oder weniger linearer Vorgang: Der Kunde sah etwas, das ihm gefiel oder hörte davon. Er ging in den Laden, legte die betreffende Ware in seinen Einkaufskorb und bezahlte. Für den Anbieter war die Sache relativ einfach: Er konnte sich voll und ganz auf den goldenen Moment konzentrieren, wenn der Kunde den Geldbeutel zückte oder den Kugelschreiber zum Unterschreiben in die Hand nahm. Der „Point of Sale" war der Ort, auf den all seine Bemühungen ausgerichtet waren: Marketing, Marktforschung, Loyalty-Programme, selbst die Schulung seines Verkaufspersonals war auf den „PoS" fokussiert.

Und heute? Der Kunde sieht etwas im Internet, vielleicht in einem YouTube-Video, einem Empfehlungsportal oder auf der Webseite eines Freundes. Er fragt herum: Wer hat das schon einmal gekauft? Wer kennt den Hersteller? Ist er seriös? Und beantwortet er Anfragen? Wie ist der Kundendienst? Kann man dem vertrauen? Erst dann wird entschieden, wo man kauft: Im Online-Shop des Herstellers, über ein Preisvergleichsportal, wie *idealo.de* oder *preis.de*, oder vielleicht doch im stationären Handel?

Aber damit ist die Unterhaltung noch lange nicht zu Ende: Nach dem Kauf wird erst einmal fleißig gepostet: auf Facebook oder per Twitter, im eigenen Blog oder als Kommentar im Blog eines anderen. Da werden Erfahrungen ausgetauscht und notfalls auch vor dem Produkt oder dem Anbieter gewarnt.

Marketing-Spezialisten nennen diesen Prozess „Customer Journey". Damit wird der Weg beschrieben, den der Kunde typischerweise zurücklegt, bevor er eine Kaufentscheidung trifft. Sie beginnt immer häufiger draußen in den Weiten des Internets, auf Plattformen und Foren, wo sich Menschen heute zum Austausch und zur Diskussion treffen. Es sind die Stammtische des Digitalzeitalters, Orte der Begegnung, wo Meinungen geformt und Entscheidungen vorbereitet werden.

Wie durch einen Trichter hindurch wird der Kunde irgendwann zur Homepage eines einflussreichen Bloggers geleitet, der über Vorzüge oder Nachteile bestimmter Produkte berichtet und die meist völlig subjektive Meinung als unumstößliche Weisheit ausgibt. Blogger haben heute die Funktion, die einmal die Journalisten von „Stiftung Warentest" oder „WISO" ausübten, nämlich scheinbar objektive Kaufberatung und damit wichtige Lebenshilfe zu geben.

Wenn Blogger in der ersten Reihe sitzen

Ein gutes Beispiel hierfür liefert die Modebranche. Auf der New York Fashion Week ist Amy Marietta seit einigen Jahren als vielgefragte Meinungsmacherin immer präsent. Die junge Frau arbeitet tagsüber bei einem Social Media-Unternehmen, betreibt aber nebenbei den Blog *Viviere Bella* mit mehr als 80.000 „Follower", die sich hier regelmäßig über Modetrends und Anbieter informieren. Sie wird deshalb zu allen wichtigen Events der Fashion Week eingeladen und sitzt direkt am Laufsteg in der ersten Reihe, neben etablierten Modejournalisten, die für die großen Frauenmagazine berichten.

Ein anderer Modeblogger, der 26jährige Justin Livingstone, zählt sogar mehr als 250.000 Anhänger auf seinem Blog – so viele, dass inzwischen große Modehäuser wie Gap oder Benetton hellhörig geworden sind und Werbeplätze bei ihm buchen. Inzwischen könne er von der Bloggerei „ganz gut leben", sagt er.

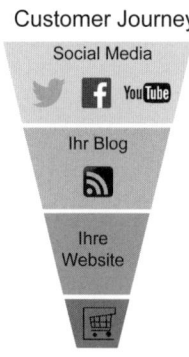

Customer Journey

Der Trichterhals einer Customer Journey wird immer enger, und er mündet schließlich auf der Homepage des Anbieters. Damit aber verändert sich die Rolle der Website komplett: War sie einst als Schaufenster des Unternehmens im Cyberspace konzipiert, an der potenzielle Kunden entlangspazieren und in aller Ruhe ihre Kaufentscheidung treffen sollten, ist sie zur bloßen Transaktionsplattform verkommen. Bis der Kunde auf der Homepage des Anbieters ankommt, ist seine Entscheidung längst gefallen – falls er die Website überhaupt noch zu Gesicht bekommt: Immer mehr Kunden gelangen über eine Smartphone-App zum Anbieter, also unter Umgehung solcher Wegstationen wie Suchmaschinen oder Landing Pages. Die Homepage dient, wenn überhaupt, nur noch dazu, den eigentlichen Kaufvorgang möglichst schnell und komfortabel abzuschließen. Und dafür hat sich der arme Anbieter jahrelang so abgemüht, seine Webseite nach allen Regeln der Suchmaschinenoptimierung und des Search Engine Marketings zu gestalten, und viel Geld investiert!

Verkaufen auf allen Kanälen

Aber selbst die beste Website oder App nützt gar nichts, wenn der Kunde beschließt, doch lieber wie früher im Laden einzukaufen. Noch nie gab es so viele Kanäle, wo sich Anbieter und Kunde näher kommen können: stationäres Geschäft und Online-Shop sind nur zwei davon. Es gibt Kunden, die nach wie vor gern im Katalog blättern. Andere sind Fans von Teleshopping – eine Gattung, die es bei uns erst seit dem Aufkommen des Privatfernsehens Ende der 1980er Jahre gibt.

Der Kunde weiß am besten, was er will

Bereits Ende 2011 hat eine Studie, die gemeinsam von der Verbraucherinitiative e.V. und eBay durchgeführt wurde, gezeigt, dass sich die Verbraucher über alle Kanäle hinweg informieren und kaufen wollen: online, offline und mobil.

- 90 % aller Offline-Käufer informieren sich vor einem Kauf im Internet oder mobil direkt im Geschäft.
- 80 % der Online-Käufer gehen vor einem Kauf in ein Geschäft, um sich über das „Touch & Feel" ihrer Wunschobjekte zu informieren.

Ein Händler, der nur einen dieser Kanäle bedienen kann, ist chancenlos, wenn sein Kunde beschlossen hat, einen anderen Kanal für seinen Einkauf zu nutzen. Dieser Zwang, neue Vertriebswege zu gehen, führte in den späten 1990er Jahren zum Aufkommen des „Multichannel-Vertriebs", bei dem ein Anbieter nicht nur sein angestammtes Geschäftsmodell betrieb, sondern parallel dazu auch andere Kanäle zu besetzen versuchte. Heute betreiben viele stationäre Händler ebenso wie Versandhäuser nebenbei einen Online-Shop, die allerdings in der Regel kaufmännisch, organisatorisch und logistisch getrennt sind.

Was ist aber, wenn mein Kunde auf mehreren Kanälen gleichzeitig unterwegs ist? Wie sorge ich dafür, dass er überall gleich zufrieden ist? Was passiert, wenn ich auf einem Kanal schwach bin, zum Beispiel online. Wirkt sich das womöglich auf mein stationäres Geschäft aus? Und was ist, wenn die Mitarbeiter und Abteilungen, die für die verschiedenen Vertriebskanäle meines Unternehmens zuständig sind, plötzlich beginnen, sich nicht mehr gemeinsam um die Kunden zu kümmern? Schließlich ist ja jeder am Ende des Jahres für sein eigenes Ergebnis verantwortlich.

Klar ist, dass sich nur durch ein geschicktes Zusammenspiel über Kanalgrenzen hinweg ein durchgängiges und einheitliches Kundenerlebnis sicherstellen lässt. Einige Unternehmen haben das erkannt und nutzen die Vorteile der verschiedenen Kanäle, ohne an die typischen Nachteile der einzelnen Kanäle gebunden zu sein. So hat Amazon im Februar 2015 sein erstes Ladengeschäft auf dem Gelände der Perdue-Universität in Indiana eröffnet. Studenten können dort Bücher, die sie online bestellt haben, abholen und bezahlen – und zwar rund die Uhr! Außerdem hat Amazon angeblich Interesse an der Übernahme der Ladenfilialen der Elektronikkette *RadioShack* bekundet, was dem Altmeister des Online-Handels plötzlich eine landesweite stationäre Präsenz in den Vereinigten Staaten bescheren würde.

In dem Maße, wie der Kunde sich die Freiheit nimmt, heute so und morgen ganz anders zu kaufen, werden auch Anbieter gezwungen sein, ihre Aktivitäten zu bündeln und vom altern Multikanalvertrieb zu einem System zu wechseln, das inzwischen als „Omnichannel" bezeichnet wird.

Dabei handelt es sich um einen kanalübergreifenden Ansatz, die Vorteile von digitalen und klassischen Kommunikations- und Vertriebskanälen möglichst nahtlos verbindet, damit der Kunde von der ersten Informationssuche bis zum Kaufabschluss über alle Kontaktpunkte mit dem Unternehmen gleichermaßen erkannt und angesprochen wird. Diese umfassende Betrachtung des Kunden setzt beim Anbieter ein hohes Maß an interner Vernetzung und schnelle Analysefähigkeiten voraus sowie ein fundiertes Verständnis der unterschiedlichen Informationswege und Kaufentscheidungsprozesse. Außerdem muss der Anbieter in der Lage sein, Zielkonflikte seiner eigenen Mitarbeiter und Abteilungen zu erkennen und zu lösen. Das setzt sehr leistungsfähige IT-Systeme voraus; aber die Technik ist nur die eine Seite der Medaille. Echter Omnichannel-Vertrieb bedeutet einen fundamentalen Kulturwandel im eigenen Unternehmen. Und der entsteht nicht über Nacht.

Social Selling: Der Kunde als Freund

Im Zeitalter von Social Media ist der Weg des Kunden zur Ware ein anderer geworden, und es ist die Aufgabe des Anbieters herauszufinden, wo der Kunde heute seine Kaufentscheidung trifft – und ihn dort abzuholen. Das kann auf Facebook sein – muss es aber nicht. Jeder Kunde trifft seine Entscheidung woanders, und das herauszufinden, ist zunehmend die Aufgabe des Marketings, wie wir im Kapitel 3 noch näher untersuchen werden. Nur so viel vorab: Die Rolle der Marketingabteilung hat sich im Zeitalter von Digitalisierung und Vernetzung komplett ins Gegenteil verkehrt: Statt irgendwelche wohlfeilen Firmenbotschaften zu formulieren und nach außen zu tragen, ist es heute ihre Aufgabe, dem Kunden zuzuhören, Informationen darüber zu sammeln, worüber Kunden reden, und diese Informationen möglichst gezielt ins Unternehmen zurückzubringen, und zwar genau an die richtige Stelle: Vertrieb, Kundendienst, Produktentwicklung – sprich überall, wo daran gearbeitet wird, die Wünsche des Kunden möglichst punktgenau und individuell zu erfüllen.

„Social Selling" ist ein Begriff, der zurzeit auf Konferenzen heiß diskutiert wird. Leider wird er aber oft viel zu eng als „Verkaufen per Facebook" definiert – als ob die Technologien des Social Web genügen würden, um Kunden scharenweise anzulocken. Ja, Twitter, Xing oder YouTube können den Abverkauf unterstützen. Ja, dort trifft man zunehmend seine Kunden an. Aber schon das klassische Verkaufsgespräch scheitert im Social Web daran, dass sich der Kunde in aller Regel dort nicht zum Einkaufen aufhält, sondern um sich mit anderen auszutauschen. Social Selling funktioniert nur, wenn zwischen Anbieter und Kunde eine möglichst enge Beziehung besteht, und zwar abseits des Geschäftlichen.

Das Stichwort lautet: *Empathie*, also die Bereitschaft (und Fähigkeit!), Emotionen, Motive und Wesensmerkmale einer anderen Person zu erkennen und zu verstehen. Es gibt nur ein Problem dabei: Anbieter waren es bisher gewohnt, die Botschaft vorzugeben, die der Kunde medial empfing. Das ist heute anders. Im Internet-Zeitalter hat sich das Gleichgewicht im Markt zugunsten des Kunden verschoben, und der Anbieter ist gezwungen, einen Dialog mit dem Kunden „auf Augenhöhe" zu führen.

Social Selling ist nicht einfach, denn der Kunde will nicht von einem geschwätzigen Verkäufertypen belästigt werden, sondern sich ungestört mit Freunden austauschen. Und da er bestimmen kann, mit wem er sich beispielsweise auf Facebook anfreundet und mit wem nicht, steht der Anbieter vor der spannenden Herausforderung: Wie schaffe ich es, dass mein Kunde mein Freund wird?

Jedenfalls nicht durch ein polterhaftes Auftreten, sondern eher durch aktives Zuhören. „Wer viel redet, erfährt wenig", lautet ein altes armenisches Sprichwort. Aktives Zuhören ist eigentlich eine alte Verkäufertugend und dient dazu, die Informationen, die der Kunde über sich preisgibt, so festzuhalten, dass sie später aufgearbeitet werden können und im Unternehmen kommunizierbar sind. Worüber unterhalten sich die Kunden? Welche Bedürfnisse haben sie? Wo drückt der Schuh? Wie kann ich helfen? Indem ich etwa einen Tipp gebe, der ein Problem löst, oder indem ich Mitgefühl ausdrücke.

Das sind alles nicht gerade Dinge, die man im klassischen Vertriebstraining lernt. Aber für das Social Selling sind sie unerlässlich. Hier ändert sich die Funktion des Verkäufers. Anstatt sein Hauptaugenmerk auf das Verkaufen zu richten und seinen Erfolg in erster Linie an der Anzahl der Abschlüsse zu messen, wird er sich in Zukunft viel mehr darum bemühen müssen, der Freund seines Kunden zu sein – oder zu werden. Das ist durchaus wörtlich gemeint: Der findige Verkäufer baut sich heute langsam und mit Bedacht einen möglichst großen „Freundeskreis" bei Facebook auf. Das ist nur möglich über empathisches Zuhören, über intelligentes Kommentieren und durch das Einstellen eigener, möglichst kluger Beiträge, die den Nerv des Freundes bzw. Kundenkreises treffen. Erst dann kann er vorsichtig beginnen, „seine Freunde" für das Angebot des Unternehmens, für das er arbeitet, zu interessieren, etwa indem er ihnen den Vorschlag macht, die entsprechende Facebook-Seite zu „liken".

Große Unternehmen machen das längst vor. In der Rangliste der Firmen mit den meisten Facebook-Fans, die jährlich vom Statistischen Bundesamt herausgegeben wird, liegen Coca-Cola, Starbucks und Red Bull regelmäßig an der Spitze, aber auch Marken wie Nutella oder Pringles. Und selbst auf Twitter, einer Plattform, die sonst eher für die Selbstbeweihräucherung von „Promis", wie Lady Gaga oder Justin Bieber, dient, können Unternehmer Anhänger und damit Sympathisanten sammeln.

Tweets aus dem Alltag eines Metzgermeisters

Ludgar Freese aus Visbek in Niedersachsen hat mit seiner eklektischen Ansammlung von Tweets aus dem Alltag eines Metzgermeisters, in dem er Rezepte für „Freeses Sonntagssuppe" oder Grünkohl mit Pinkelwurst mitteilt und auch Philosophisches von sich gibt („Charakter einer handwerklichen Wurst und deren Hintergründe"), bis zum Frühjahr 2015 mehr als 2.600 „Follower" gesammelt. Man muss sich das einmal auf der Zunge zergehen lassen: Da bitten 2.600 Menschen darum, von einem mittelständischen Unternehmen Werbung zu bekommen! Visbeck hat etwas mehr als 9.000 Einwohner. Auch wenn Freese inzwischen Fans in ganz Deutschland und darüber hinaus hat: Eine solche Werbewirkung wäre wohl kaum mit einem anderen Medium zu erzielen.

Handel im Wandel

Keine Frage: Der Online-Handel verändert vieles, einschließlich unserer Städte. „In fünf Jahren werden 30 Prozent der heutigen Verkaufsflächen überflüssig sein", sagt Wolfgang Richter, Chef von Regio-Plan Consulting, ein auf standortrelevante Themen rund um den Einzelhandel spezialisierter Strategieberater. Rund die Hälfte der Konsumenten kauft nach einer

Studie seines Unternehmens noch heute vorwiegend stationär ein, während zehn Prozent eine starke Onlineaffinität aufweisen. 40 Prozent seien eher als „hybride Konsumenten" einzustufen, und gerade diese letzte Gruppe werde in Zukunft stark wachsen.

Die Angst vor dem Absterben der Innenstädte scheint also verfrüht. In einer Umfrage des Instituts für Handelsforschung Köln wurden Konsumenten gefragt, ob sie weniger oft als früher in die Stadt fahren, weil sie jetzt die Möglichkeit haben, online einzukaufen. Zwar bestätigte eine Mehrheit (46,3 Prozent) diesen Trend. 22,8 Prozent gaben allerdings an, genauso oft zum Einkaufen ins Zentrum zu fahren – obwohl sie regelmäßig online einkaufen. Anders ausgedrückt: Der Online-Handel sorgte unterm Strich für einen Umsatzplus!

Oliver Emmrich vom Forschungszentrum für Handelsmanagement an der Hochschule St. Gallen spricht deshalb von einer Riesenchance für den Handel: Durch geschickte Vernetzung der stationären Geschäfte mit den Onlineshops lasse sich der Umsatz insgesamt steigern. „Händler in der Innenstadt haben zumeist kleinere Ladenflächen und somit ein begrenztes Sortiment", sagt Emrich. „Händler können in der Innenstadt das Einkaufserlebnis stärken und Kunden inspirieren. Vor Ort nicht verfügbare Artikel können durch geschultes Verkaufspersonal über den Onlineshop angeboten werden". So würden sich die jeweiligen Stärken der verschiedenen Handelsformen gegenseitig unterstützen – so, als hätte der Händler in seinem Innenstadtgeschäft plötzlich ein riesiges Warenlager dazubekommen.

Emrich glaubt sogar, dass der Einzelhandel mit dieser dualen Strategie verlorene Umsatzanteile von den Einkaufszentren und Shopping Malls zurückgewinnen könne, die den traditionellen Handel im letzten Jahrzehnt zugesetzt haben. Dass allerdings bei stagnierendem Umsatz und gestiegenem Onlineanteil alles beim Alten bleibe, dürfe keiner erwarten. Der Trend zum Einkaufszentrum an der Peripherie habe schlechte Standorte in der Innenstadt ebenso verdrängt wie veraltete Geschäftsmodelle oder begrenzte Sortimente. Insgesamt aber biete die Verbindung von stationärem und Online-Handel Gelegenheiten, die der Handel ergreifen müsse, zumal nach Studien der Schweizer Handelsforscher bereits eine Trendumkehr zu beobachten ist: Seit 2013 gehen die Verkaufsflächen in den Randbezirken wieder zurück. Die Boomjahre der Einkaufszentren dürften damit endgültig vorbei sein.

Dazu trägt auch die Ausweitung des Online-Handels auf Bereiche bei, die bislang eher dem stationären Handel vorbehalten geblieben sind. Zum Beispiel blüht seit Kurzem der Lebensmittelhandel im Internet. Einer repräsentativen Studie des Düsseldorfer Marktforschungsinstituts Innofact zufolge sind 56 Prozent aller Deutschen daran interessiert, Lebensmittel per Internet zu kaufen.

Vor diesem Hintergrund ist klar, dass sich im stationären Handel einiges ändern muss, wenn man den Zug in Richtung Handelszukunft nicht verpassen will. So sind zum Beispiel Ladenschlussgesetze und der Verbot der Sonntagsöffnung aus Kundensicht eindeutige Nachteile. Im Internet sind die Geschäfte rund um die Uhr und 365 Tage im Jahr geöffnet.

Eine andere Alternative wird im englischsprachigen Ausland als „Click & Collect" bezeichnet und erfreut sich in Großbritannien und Amerika inzwischen großer Beliebtheit, steckt in Deutschland aber noch in den Kinderschuhen. Es geht um die Möglichkeit, Produkte des täglichen Bedarfs zunächst online zu recherchieren und zu bestellen, um sie später beim stationären Ladengeschäft abzuholen. Bezahlt wird entweder online oder vor Ort.

Besonders für Berufstätige bietet das Vorteile, weil sie in der Regel tagsüber nicht zuhause auf den Paketdienst warten können. Und auch der Händler profitiert, weil beispielsweise die Versandkosten und die Bearbeitung von Retouren entfallen. Beim Ladenbesuch kann sich der Kunde über zusätzliche Produkte und Dienstleistungen informieren und eventuelle Fragen gleich vor Ort klären. Supermarktketten wie Tesco oder die Kaufhauskette Marks & Spencer arbeiten schon lange mit diesem Prinzip, in Deutschland haben Karstadt und C&A erste Modellprojekte gestartet.

Auch Firmenkunden sind Menschen

Wenn bisher meistens vom Kunden im Sinne eines Konsumenten oder Endverbrauchers die Rede war, so darf auf keinen Fall der Eindruck entstehen, dass E-Commerce allein ein Fall für den Endhandel sei. Im Gegenteil: Da volkswirtschaftlich natürlich viel mehr Umsatz zwischen Unternehmen generiert wird, ist der sogenannte „Business-to-Business"- oder „B2B"-Bereich unterm Strich der erheblich relevantere. Und da alles, was bisher über den „Kunden" gesagt wurde, auch für Firmen gilt, die Kunden anderer Firmen sind, ist klar, dass sich viele Erkenntnisse auch auf den Handel zwischen Unternehmen anwenden lassen.

Vergessen wir nicht, dass in Unternehmen Menschen arbeiten, und die reagieren gleich, ob sie nun privat oder beruflich einkaufen. Investitionsentscheidungen mögen vielleicht größere Summen bewegen, aber am Ende des Tages geht es um eine Kaufentscheidung wie jede andere. So gilt zum Beispiel das Prinzip des „Social Selling" natürlich auch für den B2B-Handel.

Viele der kaufentscheidenden Begegnungen, die früher durch den Vertreterbesuch oder das Gespräch am Messestand liefen, finden heute online statt, auf Facebook, Quora, YouTube oder auf den Handelsplattformen und B2B-Marktplätzen, die es für jede Branche und jede Industrie gibt und über die heute ein Großteil des B2B-Geschäfts abläuft. „Verkaufen ist ein sozialer Vorgang", sagt Koka Sexton, Leiter des Marketingteams von LinkedIn, einem professionellen Kontaktnetzwerk mit geschätzten 350 Millionen Mitgliedern weltweit, davon etwa fünf

Millionen in Deutschland, Österreich und der Schweiz. Er hält es deshalb für enorm wichtig, möglichst enge persönliche Beziehungen mit Geschäftskunden aufzubauen, um Vertrauen und Mehrwert zu schaffen, lange bevor man mit ihnen um Preise und Konditionen zu feilschen beginnt.

Dadurch ändert sich das Kaufverhalten von Unternehmen drastisch. Benötigte man früher viel Zeit für die Recherche von Lieferanten und Bezugsquellen, kann der Einkäufer heute mit wenigen Mausklicks eine Liste von potenziellen Partnern generieren und sich Auskünfte über Produktqualität, Kundenzufriedenheit und Bonität sekundenschnell auf den Bildschirm holen. Die Folge: Meist ist die Kaufentscheidung bereits gefallen, bevor überhaupt der Erstkontakt stattgefunden hat.

Das bedeutet aber auch: Der Firmenkunde ist zunehmend gegen die sogenannte „Kaltakquise" immunisiert. Warum sollte er den Anruf eines ihm unbekannten Verkäufers annehmen, wenn er sich doch in aller Ruhe selbst informieren und den Repräsentanten dann anrufen kann, wenn er soweit ist? Einer Studie von IBM zufolge nimmt die Effizienz von „Cold Calls" seit 2010 jährlich um etwa sieben Prozent ab. 97 Prozent aller Kaltanrufe laufen der Studie zufolge heutzutage in Leere.

Die Aufgabe des Firmenvertreters besteht daher zunehmend darin, im Vorfeld herauszufinden, wer wirklich für eine Investitionsentscheidung verantwortlich ist. War es früher sehr schwer, an der vielzitierten „Vorzimmerbremse" vorbeizukommen, bieten die Sozialen Medien und Plattformen, wie Xing oder LinkedIn, heute verschiedene Möglichkeiten, Zuständigkeiten und Kompetenzfelder von Mitarbeitern potenzieller Kundenunternehmen zu erforschen und die echten Entscheider gezielt anzusprechen.

Relevant ist dabei aber die Zahl der „echten" Beziehungen, also der sogenannten „Kontakte ersten Grades", da diese über ihr eigenes Kontaktnetzwerk („Kontakte zweiten und dritten Grades") vertrauenswürdige Referenzen zu potenziellen Kunden schaffen können. Wer auf Empfehlung kommt, den empfängt man lieber als einen, den man nicht kennt.

Oft sind mehrere Personen an einer Investitionsentscheidung beteiligt. Dank umsichtiger Vorbereitung und geschickter Online-Recherche ist es aber heute möglich, die Mitglieder eines solchen Entscheidungsgremiums zu identifizieren und sie individuell zu kontaktieren. Eine solche „Multi-thread Strategy" wird von Managementberatern als eine hocheffiziente Methode empfohlen, um beispielsweise den Kaufentscheider (in den meisten Fällen der Chef oder Abteilungsleiter) und gleichzeitig die Entscheidungsvorbereiter bzw. -beeinflusser anzusprechen und für sich zu gewinnen.

Verkäufer mit Netzwerkeffekt

Als Verkäufer die Sozialen Medien für sich nutzen zu können, bedeutet, für sich selbst neue Schwerpunkte zu setzen und sein Zeitmanagement neu zu organisieren. Stunden und Tage, die früher für die Kaltakquise oder für Telefonate benötigt wurden, muss der Verkäufer heute in die Kontaktpflege per Internet investieren. Nur wer vorher eine glaubwürdige soziale Präsenz aufgebaut hat, kann vom vielzitierten „Netzwerkeffekt" profitieren.

Natürlich erfordert auch das einiges an Zeit- und Arbeitsaufwand. Eine erfolgreiche Social Media-Präsenz lässt sich nicht über Nacht herstellen. Um sich Vertrauen zu erwerben und ein digitales Beziehungsnetzwerk aufzubauen, ist es zunächst notwendig, seine Kontakte regelmäßig auf Artikel, Blogeinträge oder Studien zu für sie relevante Themen aufmerksam zu machen. Beiträge in den Online-Foren oder auf Facebook sind zu kommentieren oder Fragen zu beantworten, auch solche aus dem Privatumfeld. Die Mitgliedschaft in den entsprechenden Foren und Gruppen ist ein guter Weg, um den Austausch mit potenziellen Kunden zu beginnen und zu vertiefen.

Die meisten Verkaufsabschlüsse im Unternehmensbereich werden heute noch „F2F", also „Face-to-Face", getätigt. Und das dürfte auch so bleiben, weil Menschen so sind, wie sie sind.

Aber für die Vorbereitung auf diesen entscheidenden Moment werden Online-Plattformen und Business-Netzwerke immer wichtiger. Vor einem entscheidenden Meeting empfiehlt es sich, die Teilnehmer des Gesprächs zu googeln oder ihre Profile bei Xing oder LinkedIn zu studieren.

Kundenbindung 2.0: Der Kunde bindet sich selbst

Und noch etwas ändert sich durch die Digitalisierung und Vernetzung: Das immer bemühte Ziel der „Kundenbindung" ist dabei, seine Bedeutung für den Verkaufserfolg zu verlieren. Galt es einst als die Aufgabe des Verkäufers, Kunden durch klassische Initiativen, wie Bonus- und Punkteprogramme, ganz zu schweigen von Knebelverträgen, an sich zu binden, ist es heute wichtiger denn je, offen und ehrlich mit Kunden umzugehen und zu versuchen, sie in Stammkunden zu verwandeln. Die neue Macht des Kunden zwingt Anbieter nämlich dazu, sich ganz genau zu überlegen, wie sie ihre bestehenden Kunden zufriedener machen können, um (hoffentlich) mit ihnen mehr Geschäft zu machen.

Gelingt das, dann tritt ein Effekt ein, den wir als „Kunden-Selbstbindung" beschreiben wollen: Der Kunde erkennt, dass es sich für ihn lohnt, loyaler Kunde eines Lieferanten zu sein – weil der ihn kennt und seine Wünsche und Bedürfnisse besser als andere zu erfüllen vermag. Diese vom Kunden erwünschte Bindung ist umso wichtiger, als es in den vollgestopften Verdrängungsmärkten von heute in aller Regel teurer ist, einen neuen Kunden zu gewinnen, als einen alten Kunden zufrieden zu stellen. Ein neuer Kunde kostet erst einmal Geld – in Form von Werbekosten und sonstigen Akquisitionsausgaben. Im digital transformierten Unternehmen von morgen wird sich der Fokus im Vertrieb deshalb zwangsläufig verschieben müssen: Nicht Marktanteile, sondern Anteile am Kunden werden der Gradmesser sein für erfolgreiches Verkaufen. Und das ist für beide Seiten gut, Kunde und Verkäufer!

Zehn Fragen, die Sie sich in diesem Moment stellen sollten:

1. Sind meine Kunden gerne meine Kunden?
2. Bin ich sicher, dass die Produkte oder Dienstleistungen, die ich anbiete, exakt zu meinem Kunden und seinen Bedürfnissen und Wünschen passen?
3. Auf welchen Social Media-Plattformen halten sich meine Kunden am liebsten auf?
4. Welche Stationen durchläuft mein Kunde heute typischerweise auf seiner „Customer Journey"?
5. Betreiben wir heute schon Social Selling, und ist unser Vertrieb überhaupt für den Dialog mit dem Kunden ausgebildet oder bereit?
6. Hören wir unseren Kunden richtig zu?
7. Ist unsere Website in der Lage, den Kunden abzuholen und ihm den Einkaufsvorgang so leicht und bequem wie möglich zu machen.
8. Könnte eine Kombination aus Online- und stationärem Handel eine Chance sein, meinen Kundenstamm zu erweitern?
9. Wie gut bin ich mit meinen Geschäftspartnern und Firmenkunden vernetzt?
10. Kenne ich die relevanten Entscheider und Entscheidungsvorbereiter in den Unternehmen, mit denen ich Geschäfte mache bzw. machen möchte?

Kapitel 3:
Hoflieferant von
König Kunde

„Daten sind das Erdöl der Zukunft"
Gerd Leonhard, Medienfuturist

Tue Gutes und rede darüber: Das war Marketing früher. Heute lautet das oberste Gebot der Unternehmenskommunikation: Höre zu und lerne daraus, Gutes zu tun! Kaum ein Bereich im modernen Unternehmen ist solch grundlegendem Wandel unterworfen wie diese Abteilung, die sich einst „Absatzwirtschaft" nannte und deren Ziel darin bestand, die Produkte oder Dienstleistungen eines Unternehmens so darzustellen, dass der Käufer dieses Angebot als wünschenswert wahrnimmt.

Doch wie soll das funktionieren in einer Ära, in der die Menschen sich selbst gegenseitig Tipps geben und Erfahrungen austauschen, ohne dass der Anbieter überhaupt involviert sein muss? Die Zeit, als Unternehmen noch die Herrschaft über die Botschaften besaßen, ist längst vorbei. Die Demokratisierung der Unternehmenskommunikation zwingt sie nicht nur zum Umdenken: Es erfordert ein völlig neues Selbstverständnis – sogar Demut vor dem mächtigen „König Kunde", dessen Hoflieferant man gerne sein möchte.

Hoflieferant zu sein bringt einem Anbieter viele Vorteile. Zum einen bekommt er Planungssicherheit: Als Hoflieferant weiß er was – und meistens auch wann – der Hof als nächstes bestellen wird. Als Hoflieferant hat er das Ohr des Kunden und kann ihm neue Dinge vorschlagen, die der noch nicht gekauft hat. Und da er seinen königlichen Kunden ja sehr gut kennt, liegt ein guter Hoflieferant mit seinen Empfehlungen meistens richtig, wenn er sagt: „Majestät, Euch wird das gefallen!"

Was das mit Marketing zu tun hat? Ist Marketing nicht schon eher die Kunst, das eigene Unternehmen nach außen im bestmöglichen Licht erscheinen zu lassen? Oder, wie es ein langgedienter Marketingprofi aus unserem Bekanntenkreis neulich ziemlich zynisch ausdrückte: „Marketing ist die Kunst, Luft bunt anzumalen."

Tatsächlich haben sich Marketing und Unternehmenskommunikation in den letzten Jahren radikal gewandelt. Einer Studie von Adobe zufolge glauben die meisten Marketingprofis, dass sich ihr Beruf in den letzten 24 Monaten stärker gewandelt hat als in den vorangegangenen 50 Jahren. Erich Joachimsthaler, Chef von Vivaldi Partners, der weltgrößten Marketingberatungsfirma, brachte es unlängst auf den Punkt: „Marketing, so wie wir es früher gekannt haben, ist heute tot!"

Genauer gesagt: Aufdringliches Marketing, auch als „Push-Marketing" bezeichnet, ist tot. Früher bestand die Aufgabe des Marketingmenschen ja mehr oder weniger darin, sich möglichst markige Botschaften einfallen zu lassen und diese möglichst lautstark in die Welt hinaus zu posaunen, und zwar nach dem Schrotgewehrprinzip, also relativ ungezielt. Irgendeinen wird's schon treffen …

Heute funktioniert Marketing ganz anders: Es geht heute vor allem um aktives Zuhören: Worüber reden unsere Kunden, wo drückt sie der Schuh? Wie könnte unser Unternehmen ein Problem des Kunden lösen? Was können wir beitragen? Für diese Form des Zuhörens hat sich ein ganz neuer Begriff herausgebildet, nämlich „Social Listening" – das Belauschen von Kundengesprächen im Social Web, aber auch in Blogs, Newsseiten und Foren, um die eigene Reaktion und das Angebot des Unternehmens möglichst passgenau auf die wirklichen Bedürfnisse jedes einzelnen Kunden ausrichten zu können.

Das ist etwas völlig anderes als das, was die heutige Generation von Marketingfachleuten im Studium gelernt hat. Eine gängige alte Definition von Marketing lautete einst: „Marketing ist ein Managementprozess, durch den Kundenwünsche gewinnbringend identifiziert, vorausgeahnt und erfüllt werden." Aber schon der Begriff „Prozess" ist heute irreführend, denn nach traditionellem Verständnis läuft ein Geschäftsprozess sequentiell ab, also nach einem bestimmten Schema, zum Beispiel in der Reihenfolge Marktforschung – Planung – Umsetzung.

Natürlich gibt es auch in dem, was wir vielleicht als „Marketing 2.0" bezeichnen können, die einzelnen Elemente aus unserer oben erwähnten klassischen Definition von Marketing – Identifizieren, erahnen, befriedigen – nach wie vor, nur sind sie heute nicht mehr klar getrennt, sondern gehen in fließend ineinander über. Und sie laufen in Echtzeit ab – in Internettempo eben.

Identifizieren: Früher benützte man dazu aufwändige Marktforschung oder Fokusgruppen. Die Fragen stellte der Anbieter, der Kunde durfte meistens nur aus einer Reihe von vorgegebenen Antworten auswählen. Allzu oft bekam der Anbieter deshalb nur das zu hören, was er hören wollte. Heute geht es vielmehr darum, dem Kunden zuzuhören: auf Facebook, auf Twitter, in den Meinungsforen oder Empfehlungsportalen, und die Informationen dort so zu filtern und zu analysieren, damit daraus klare Botschaften entstehen – sozusagen Aufträge an die Entwicklungsabteilung, an die Fertigung oder an die Logistik, nach dem Motto: Das will der Kunde – also sorgt gefälligst dafür, dass er es bekommt!

Erahnen: Die Anforderungen des Kunden ändern sich ständig, weil er im Austausch mit anderen Kunden oder auf seiner Reise durchs World Wide Web ständig neue Dinge erfährt, neue Produkte sieht oder neue Dienste kennenlernt, von denen er gar nicht wusste, dass er sie will. Aufgabe des Marketings im Internet ist es, diese Kundenreise sozusagen vorwegzunehmen und durch geschicktes Kombinieren und intelligente Auswertung Voraussagen darüber zu machen, was der Kunde morgen wollen wird.

Befriedigen: Sobald der Kunde weiß, was er will, will er es sofort! Wenn das Marketing seinen Job richtig gemacht, ist der Anbieter schon vorbereitet und hat die internen Weichen gestellt, um mit dem richtigen Angebot zur Stelle zu sein und das Bedürfnis auch sofort befriedigen zu können.

Was Online-Marketing mit Fußball zu tun hat

In der Welt des Social Web findet Marktforschung erstens in Echtzeit statt und hat sich zweitens zu einem vernetzten Vorgang gewandelt. Für geordnete, nacheinander ablaufende Prozesse bleibt da einfach keine Zeit mehr. Im Grunde war Marketing früher mit American Football vergleichbar: Dort nehmen die Spieler Aufstellung, der Spielzug ist bis ins kleinste Detail vorgeplant, der Quarterback verteilt die Bälle, alle anderen schwärmen aus und haben gefälligst rechtzeitig dort zu sein, wo der Quarterback sie haben will, damit einer von ihnen den Ball fangen und über die Ziellinie tragen kann.

Modernes Marketing ist mehr wie ein europäisches oder südamerikanisches Fußballspiel: Alles ist in Bewegung, jeder Spieler weiß, worum es geht und entscheidet selbst ganz spontan, wohin er den Ball weiterleitet. Wobei es ja im Fußball moderner Prägung ja auch nicht mehr wie früher den klassischen „Spielmacher" gibt wie Franz Beckenbauer. Es bleibt auch keine Zeit mehr für ruhige Annahme und Verteilung der Bälle, wie es einst Günther Netzer so meisterhaft beherrschte. Heute sind Schnelligkeit und Reaktionsvermögen die Kardinaltugenden eines Lionel Messi, eines Christiano Ronaldo oder eines Zlatan Ibrahimovic.

Marketing läuft heute über blitzschnelle Spielzüge ab: Der Kunde ist gerade auf Facebook oder Twitter und unterhält sich mit seinen Freunden über ein bestimmtes Thema, zum Beispiel „Kindererziehung" oder „asiatisches Kochen". Für den Marketingmitarbeiter ist das eine Chance, sich in die Unterhaltung einzuklinken – nicht durch plumpe Werbung, sondern durch einfühlsame Kommentare, Fragen oder Tipps. Mit etwas Glück und Geschick entsteht mit der Zeit ein Vertrauensverhältnis – eine Freundschaft zwischen Kunden und Anbieter oder jedenfalls das, was in Facebook-Zeitalter unter „Freundschaft" verstanden wird. Das ist mühsam und zeitaufwändig, am Ende aber erfolgsversprechend – jedenfalls erfolgsversprechender als aufdringliches Werbegeschwätz.

Wollte der Marketingprofi das alles sozusagen „mit der Hand am Arm" erledigen, wäre er vermutlich hoffnungslos überfordert – den ganzen Tag auf Facebook herumlungern in der Hoffnung, einen Kunden zu erwischen, ist nicht nur mühsam, sondern auch wenig produktiv. Im modernen Marketing kommen deshalb Werkzeuge zum Einsatz, die diesen Vorgang weitgehend automatisieren.

Die sicher einfachste Möglichkeit ist es, sich einen „Google Alert" einzurichten, der jedes Mal anschlägt, wenn irgendwo im Web der Marken- oder Firmenname erwähnt wird. Das gibt den Marketingprofis die Gelegenheit, sich in eine laufende Unterhaltung einzuklinken, Kommentare oder Tipps zu geben oder schnell auf eine negative Nachricht zu reagieren. Merke: Bei der Schadensbegrenzung im Zeitalter des Internets kommt es oft auf Sekunden an! Sonst hat sich eine schlechte Nachricht womöglich schnell verbreitet, etwa über die „Retweet"-Funktion auf Twitter.

Analysewerkzeuge wie Hootsuite, Social Mention oder Topys sind in heute der Lage, gleichzeitig mehrere Social Web-Plattforme zu scannen und die Ergebnisse in Form von Berichten auszugeben, denn häufig sind Kunden an mehreren Stellen im Social Web unterwegs. Die Tools lassen sich auch so einstellen, dass sie beispielsweise auf bestimmte Suchbegriffe oder Slogans reagieren oder auch dann Ergebnisse auswerfen, wenn der Kunde sich etwa beim Firmennamen vertippt hat. Auch zur Wettbewerbsbeobachtung sind diese Tools hervorragend geeignet.

Während die bereits erwähnten Werkzeuge zumindest in der Grundversion kostenlos sind, bieten Profi-Werkzeuge wie Brandwatch wichtige zusätzliche Features, wie Mehrsprachigkeit, Stimmungsanalysen und sogenannte „Influencer-Statistiken", aus denen hervorgeht, wer bei den Kunden besonderes Ansehen und Vertrauen genießt. Diese Meinungsmacher lassen sich dann gezielt beobachten, auswerten oder kontaktieren, um sie womöglich im Sinne des Anbieters und seiner Produkte argumentativ ins eigene Lager zu holen. Mithilfe von sogenannten „Themen-Wordclouds" kann der Marketingprofi auf einen Blick erkennen, welche Stichworte und Probleme gerade bei den Kunden diskutiert werden. Und dank einer ausgefeilten Workflow-Funktion können Erwähnungen und Kommentare im eigenen Unternehmen an diejenigen weitergeleitet werden, die besonders kompetent sind, darauf zu reagieren.

Beziehungspflege per Internet

Seit vielen Jahren haben sich IT-Systeme auch in deutschen Unternehmen etabliert, die als „Customer Relationship Management" oder „CRM" bezeichnet werden und deren Aufgabe die systematische Beobachtung und Gestaltung der Kundenbeziehungsprozesse ist. Ihr Ziel ist die Optimierung der Kundenbeziehung. Anders ausgedrückt: CRM ist ein Werkzeug zur Gewinnung von Neukunden sowie – bedingt – zur Pflege von Bestandskunden. Es geht dabei vor allem darum, die „besten" Kunden ausfindig zu machen, denn es macht natürlich immer mehr Sinn zu versuchen, mit einem Kunden, den man schon kennt, mehr Umsatz zu machen, als in einem gesättigten Markt nach Neukunden zu suchen. Die kosten nämlich erst einmal nur Geld; nur wenn die Akquisitionskosten wieder drin sind, wird verdient.

Klassisches Beziehungsmarketing legt den Fokus also nicht primär auf Preise und Produkte, sondern auf die Beziehung zwischen Unternehmen und Marken sowie der angepeilten Zielgruppe. Aber streng genommen ist CRM nur ein taktisch-operatives Werkzeug: Es geht darum, mithilfe von Software bestehende Interaktionen sowie die Kommunikation mit dem Kunden zu optimieren.

Das ist schön und gut, aber im Zeitalter von Social Listening zu wenig: Inzwischen geht es darum, dem Kunden einen für ihn erkennbaren Mehrwert zu schaffen. Und der ist für jeden Kunden anders. Damit aber verändert sich das Wesen der Kundenbeziehung: Sie wird persönlicher, direkter und individueller als früher. Mit Taktik hat das nichts mehr zu tun, hier geht es um die Unternehmensstrategie!

In Fachkreisen hat sich deshalb inzwischen auch der Begriff „CRM 2.0" eingebürgert, um diesen wesentlichen Unterschied zwischen gestern und heute zu beschreiben. Während beim „alten" CRM das Geschäftliche im Vordergrund der Kommunikation zwischen Unternehmen und Kunden stand, verschwimmen bei CRM 2.0 die geschäftlichen und privaten Beziehungen immer mehr. Und bestimmte früher das Unternehmen, über welche Kanäle kommuniziert wurde, ist heute der Kunde derjenige, der sagt, wann, wo und wie er mit dem Unternehmen in Kontakt treten möchte.

Man kann es auch anders beschreiben: Ging es früher vorwiegend darum, die Prozesse zwischen Anbieter und Kunde zu optimieren, geht es heute um echtes Beziehungsmanagement, um die Erwartungen und Wünsche des Kunden und wie das Unternehmen besser darauf reagieren kann. Statt das Ziel von Produktangeboten zu sein, ist der Kunde im Zeitalter von CRM

2.0 eingebunden in neue Erlebniswelten. Diese finden meist im Social Web statt und bestehen im Austausch der Kunden untereinander und mit dem Anbieter, wobei der dabei entstehende Dialog auf Augenhöhe geführt werden muss. Die Zeiten, als Anbieter die Botschaften kontrollierten und die Kunden zu Empfängern degradiert waren, sind endgültig vorbei.

Der Einsatz von CRM hat sich in der Folge komplett verwandelt: Wurden solche System früher meist ausschließlich von Mitarbeitern der Marketingabteilung benützt (und aus dem Budget der entsprechenden Abteilung finanziert), wirkt CRM 2.0 bis tief in alle Bereiche des Unternehmens hinein. Über dezidierte Funktionen wie Social Listening, Analysetools für soziale Medien, Arbeitsabläufe und Genehmigungen sowie Kundendienstautomatisierung werden laufend Informationen generiert, die an die richtige Stelle im Unternehmen gebracht werden müssen, will man den Kunden wirklich zufriedenstellen. Das Marketing spielt, wenn überhaupt, in diesem Konzert nur noch die Rolle des Dirigenten.

Momente, die man nie vergisst

Nicht jede Kundenentscheidung wird auf der Grundlage von rationaler Überlegung und einem nüchtern Abwägen von Vor- und Nachteilen gefällt. Auf dieses allzu menschliche Verhalten können Unternehmen nur reagieren, indem sie ihren Kunden neben überzeugenden Argumenten auch ein angenehmes Einkaufserlebnis bieten. Das sogenannte „Customer Experience Management" oder „CEM" ist eine Strategie, die dafür sorgt, dass die einzelnen Operationen und Prozessschritte so aufeinander abgestimmt sind, dass sich der Kunde während des Einkaufvorgangs stets gut aufgehoben und „umhätschelt" fühlt. Dazu gehören Dinge wie Incentives, also Anreize wie Sach- oder Geldprämien, Unterhaltungselemente wie Quizze oder Online-Spiele, und vor allem Durchgängigkeit und Bedienerfreundlichkeit. Allzu oft bleibt ein leerer Warenkorb zurück, weil sich der Kunde an irgendeiner Stelle im Einkaufsvorgang geärgert hat oder gestört fühlt, beispielsweise durch unnötig kompliziertes Anmelden oder den Zwang, sich vollständig registrieren zu müssen, bevor er überhaupt Zugang zu den Produkten bekommt.

Leider klaffen an diesem Punkt die eigene Wahrnehmung und die Kundensicht oft weit auseinander. James Allen und Barney Hamilton von der Unternehmensberatung Bain & Company in London behaupten in einem Aufsatz für das Magazin *Harvard Management Update*[5], dass 80 Prozent aller befragten Unternehmen überzeugt sind, ihren Kunden ein gelungenes Online-Kauferlebnis zu bieten, während umgekehrt nur acht Prozent der Kunden sich zufrieden über das äußern, was sie beim Online-Einkauf erdulden müssen.

Dass es sich lohnt, die Unzufriedenheit der eigenen Kunden ernst zu nehmen, ist nicht erst mit dem Aufkommen des Internets eine altbekannte Tatsache: Erfolgreiches Beschwerdemanagement ist eine wichtige Kaufmannstugend, denn ein zufriedengestellter Reklamationskunde ist später oft der treuste Stammkunde – und ein wichtiger Multiplikator. Jemand, der sich nach einer Beschwerde gut bedient fühlt, ist in vielen Fällen gerne bereit, seine Erfahrung mit anderen zu teilen. Im Zeitalter des Social Web ist es einfacher – und wichtiger – denn je, Beschwerdefälle früh zu erkennen und darauf gut zu reagieren.

Big Data – Little Brother

Alles, was in den vorangegangenen Abschnitten beschrieben wird, erfordert das Sammeln und Sichten einer Unmenge von

---

[5] The Three „Ds" of Customer Experience, James Allen, Frederick F. Reichheld und Barney Hamilton (2005), Harvard Management Update.

Informationen – Daten, wie das in der Computersprache heißt. „Daten sind das Erdöl der Zukunft", sagte der Medienfuturist Gerd Leonhard. Und anders als die Erdölreserven sind Daten im Überfluss vorhanden – so viele, dass die Unternehmen Mühe haben, sie zu sortieren, zu sichten und auszuwerten.

Die IT hat für dieses Phänomen den etwas unglücklichen Namen „Big Data" erfunden; unglücklich deshalb, weil natürlich jeder, der Orwell's düsteren Zukunftsroman „1984" gelesen hat, sofort an „Big Brother" denkt, also an den übermächtigen Spionagestaat, der seine Bürger von morgens bis abends überwacht und in jedes noch so intime Detail seines Privatlebens eindringt. Dabei geht es zumindest Wirtschaftsunternehmen ja um etwas ganz anderes, nämlich um Kundenwissen: Nur, wer seinen Kunden gut kennt, kann ihn im oben beschriebenen Sinne als Hoflieferant so bedienen, dass er glücklich ist und noch mehr kauft. Merke: Firmen wollen von ihren Kunden nur das Beste – und davon so viel wie möglich.

Das gilt natürlich nicht für den sogenannten Staatsschutz, der inzwischen zu einer Bedrohung mutiert ist. Die Wachhunde von NSA oder Bundesnachrichtendienst schnüffeln unsere Daten ohne einen für uns Bürger erkennbaren Grund aus. Sie begründen es mit „Terrorismusbekämpfung", aber in Wirklichkeit hat sich diese Form der Spionage längst verselbstständigt und entzieht sich mittlerweile der Kontrolle durch die Politik, deren Aufgabe es eigentlich wäre, uns Bürger vor der Schnüffelwut der verbeamteten Datensammler zu schützen. Das ist ein Skandal, aber es ist ein politischer, und wir Bürger hätten theoretisch die Möglichkeit, Parteien zu wählen, die die Wachhunde an die Kette legen. Wenn wir das nicht tun, ist nur einer schuld: wir selbst!

Leider werden aber diese beiden Zeiterscheinungen in den Köpfen der Menschen durcheinandergeworfen. Deshalb hat das britische Wirtschaftsmagazin *The Economist* dankenswerterweise einen neuen Begriff in die Debatte geworfen. In einem Beitrag über die Zukunft der Unternehmenskommunikation beschrieb das Blatt die Bemühungen von Wirtschaftsunternehmen, möglichst viele Daten über ihre Kunden zu sammeln, als „Little Brother".

Anders als beim Staat hat der Kunde nämlich eine direkte Möglichkeit, Firmen bei etwaiger Fehlverwendung persönlicher Daten abzustrafen – durch Entzug der Kundenbeziehung! Für ein Unternehmen ist es gleichbedeutend mit wirtschaftlichem Selbstmord, wenn es Schindluder mit den Daten der Kunden treibt, denn im Internetzeitalter kommt so etwas ja schnell heraus! Würde einem Kunden Schaden entstehen, dann wüssten das in Windeseile alle anderen Kunden, auch dank Facebook, Twitter & Co. Das Ergebnis ist der treffend benannte „Shitstorm" – ein Sturm der Entrüstung, der sich über das Unternehmen ergießt und sich weder durch PR-Texte noch durch teure Werbekampagnen wieder aus der Welt schaffen lässt. Doch mehr dazu später.

Kunde, verzweifelt gesucht

Die Analyse von Kundenbedürfnissen reicht tatsächlich bis auf die Ebene des Einzelnen. Zielgruppen waren gestern: Heute ist jeder Kunde eine Zielgruppe! Google, Yahoo und andere Suchmaschinenbetreiber führen das seit Jahren vor, indem sie dem Besucher stets Anzeigen auftischen, die exakt zum Thema ihrer Suchanfrage passen. Daraus hat sich eine ganz neue Disziplin der Online-Absatzförderung entwickelt, das sogenannte Search Engine Marketing, kurz „SEM".

Vereinfach ausgedrückt geht es bei SEM darum, Besucher einer Suchmaschine auf die eigene Homepage zu locken. Das Problem ist nur: Das wollen die anderen auch. Und so gibt es ein Gerangel um die Top-Plätze in der Ergebnisliste einer Suche, denn die wenigsten Nutzer sind bereit, nach unter zu scrollen. Ziel ist es also, „über dem Bruch" zu stehen – ein Ausdruck, der sich aus der alten Welt des Zeitungsmachens in die Neuzeit hinüber gerettet hat. Als „Bruch" bezeichnete man früher die Faltlinie in der Mitte der Zeitungsseite: Was oberhalb stand, konnte der Leser am Kiosk im Vorbeigehen lesen, ohne die Zeitung aus dem Ständer nehmen zu müssen. Heute versteht man unter dem „Bruch" die Unterkante des Bildschirms: Nur was mit einem Blick zu sehen ist, wird wahrgenommen. Alles andere verschwindet im Orkus des Cyberraums.

Um an erster (oder spätestens an zweiter oder dritter) Stelle zu gelangen, ist den meisten Anbietern jedes Mittel recht: Notfalls bezahlt man dem Suchmaschinenbetreiber Geld, wenn er im Gegenzug bereit ist, das Angebot des Unternehmens bei bestimmten Anfragen möglichst oben zu platzieren. Das geschieht in der Regel mithilfe des sogenannten „Keyword-Advertising": Der Anbieter erklärt sich bereit, eine bestimmte Summe zu bezahlen, wenn der Kunde einen von ihm favorisierten Suchbegriff eingibt.

Diese Werbeform ist für die Suchmaschinen äußerst lukrativ und sorgt für den Löwenanteil ihres Umsatzes. Das Unternehmen bestimmt ja selbst, wie viel ihm ein solches Suchwort wert ist, von Bruchteilen eines Cent für allgemein gebräuchliche Begriffe bis zu mehreren Euro für sehr spezielle Suchwörter. Das Ganze ähnelt einer Online-Auktion, die aber in Sekundenbruchteilen abläuft: Einem Gartenhändler ist es vielleicht nur ein Cent wert, wenn ihn Kunden sehen, die nach „Rasensamen" suchen, aber 50 Cents, wenn es um „Gartenmöbel" geht, weil der potenzielle Umsatz beim Zustandekommen eines Geschäfts höher ist. Eine Anwaltskanzlei wird unter Umständen zehn, zwanzig Euro oder mehr bezahlen, um beim Begriff „Scheidungsanwalt" ganz oben zu stehen.

Zu den bekanntesten Werbeinstrumenten gehören Google AdWords und Yahoo Search Marketing, wobei Google speziell in Deutschland eine marktbeherrschende Stellung besitzt: Laut Statistischem Bundesamt konnte Google seinen Marktanteil 2015 sogar noch ausbauen und liegt bei fast 95 Prozent. Für die von Microsoft betriebene Suchmaschine Bing sowie für Yahoo bleiben nur Brosamen übrig – ganz anders als beispielsweise in Amerika, wo Googles Marktanteil nur bei rund 68 Prozent liegt, Bing dagegen bei 20 Prozent und Yahoo bei 12 Prozent. Chinesen suchen vor allem auf Seiten wie baidu oder quihoo, weil sich Google aus Protest gegen die dort geübte Zensur des Internets aus der Volksrepublik zurückgezogen hat und nur noch von Hongkong aus einen kleinen chinesischen Dienst betreibt, der allerdings vernachlässigbar ist (unter zwei Prozent Marktanteil).

SEM ist heute eine Kunstform, die viel Erfahrung und Expertenwissen erfordert, und sie ist zunehmend eine Domäne von Spezialagenturen, die mehr oder weniger virtuos auf dieser Klaviatur zu spielen verstehen. Wer es auf eigene Faust probieren will, dem steht eine Reihe von Werkzeugen zur Verfügung, die ihm die Kärrnerarbeit des Erstellens und Optimierens von SEM-Kampagnen zumindest teilweise abnehmen können. Dazu zählt vor allem das sogenannte „Bid Management", also das Aussteuern der Kampagnen auf bestimmte Ziele hin wie etwa „Cost per Order" oder „CPO"; wie viel muss ich also dem Suchmaschinenbetreiber für eine einzelne Bestellung bezahlen, oder wie maximiere ich den Ertrag pro Kaufvorgang? Solche Auswertungen erlauben es, Search-Kampagnen so auszusteuern, dass die gebuchten Keywords automatisch optimal koordiniert und der Verkaufserfolg gesteigert werden kann.

Im Kampf um die besten Plätze bei den Suchmaschinen setzen viele Firmen auf Techniken, die Namen tragen wie „Sponsored Links" oder „Paid Inclusion". Bei den großen Suchmaschinen werden die bezahlten Suchtreffer in aller Regel als Werbung gekennzeichnet und in einem eigenen Werbeblock zusammengefasst. Dieser Werbeblock wird normalerweise rechts neben den „natürlichen" Suchergebnissen oder oben auf der Seite angezeigt.

Sponsored Links können beim Kunden dann sauer aufstoßen, wenn nicht ausreichend klar ersichtlich ist, welche Treffer bezahlt sind und welche nicht. Viele Kunden klagen auch über zu viele unerwünschte oder unbrauchbare Links, und es besteht deshalb die Gefahr, dass sie diese unerwünschte Werbung mithilfe von entsprechenden Browser-Erweiterungen einfach ausblenden lassen. Der Anbieter bezahlt also für Werbung, die keiner sieht.

Paid Inclusion ist die bezahlte Aufnahme in die Datenbank der Suchmaschine. Google lehnte früher diese Form der „Schleichwerbung" ab, weil dadurch das Ranking der „natürlichen" Suchergebnisse verfälscht wird. Auch wenn sie nicht gerne darüber reden, ist klar, dass Google inzwischen auch gekaufte Einträge zulässt, besonders in solchen Spezialbereichen wie Hotel- oder Flugsuche. Begründet wird das damit, dass bestimmte für den Kunden relevante Informationen durch die Suchroboter, „Crawler" genannt, mit denen Google regelmäßig das World Wide Web durchsucht, nicht gefunden werden können. Geld, so viel steht fest, regiert auch die Welt des Online-Marketings.

Ist der Ruf erst ruiniert

Bislang sind wir in diesem Kapitel davon ausgegangen, dass es die Aufgabe von Marketingprofis ist, dafür zu sorgen, dass man über das eigene Unternehmen redet, und zwar möglichst positiv. Doch zunehmend rückt eine Aufgabe in den Mittelpunkt des Online-Marketings, die den genau entgegengesetzten Zweck erfüllen soll, nämlich zu verhindern, dass über die Firma schlecht geredet wird.

„Das Internet vergisst nichts", lautet ein geflügeltes Wort unserer Zeit, und es ist in der Tat sehr schwer, wenn auch nicht unmöglich, etwas einmal Geschriebenes wieder aus dem World Wide Web zu entfernen. Google und andere Suchmaschinenbetreiber haben dafür sehr komplizierte Verfahren erfunden, bei denen derjenige, der um Löschung ansucht, zuerst beweisen muss, dass er dazu auch berechtigt ist. Wenn nicht, hat man in der Regel keine Chance. Selbst bei Einträgen, die ehrverletzend oder geschäftsschädigend sind, zuckt Google meistens nur mit den Schultern, nach dem Motto: „Verklagen Sie uns doch! Gerichtsstand ist übrigens Kalifornien ...“

Auch das sogenannte „Google-Urteil“ des Europäischen Gerichtshofs hat an dieser grundsätzlichen Situation nicht wirklich etwas geändert. Zwar können Bürger der EU unter Berufung auf dieses Urteil Google auffordern, Einträge zu beseitigen, wenn sie sich davon gestört fühlen, und zwar unabhängig vom Wahrheitsgehalt einer im Internet aufgestellten Behauptung. Aber dadurch wird ja nur der Link von der Suchmaschine zur Fundstelle beseitigt, nicht der Originaleintrag selbst. Der taucht dann meistens nach dem nächsten Besuch eines Google-Crawlers wieder auf, oder die Information hat sich längst im Internet verselbstständigt und taucht auf ganz anderen Websites auf, für die der Betroffene wieder einen Löschantrag bei Google stellen muss, und so weiter ad nauseam ...

Den meisten Unternehmen dauert das zu lange. Und so hat sich als neue Aufgabe des Online-Marketings etwas herausgebildet, das als „Reputation Management“ bezeichnet wird. Es geht um den guten Ruf des Unternehmens, der möglichst vor Angriffen von Kunden oder Konkurrenten geschützt werden soll.

Gutes Online-Reputationsmanagement kann im Krisenfall sogar überlebensnotwendig sein, etwa für einen Nahrungsmittelhersteller, dessen Produkte – ob zu Recht oder zu Unrecht – in den Sog eines Lebensmittelskandals hineingezogen worden ist. Schlimmstenfalls kann das zum „worst case“ führen, dem Super-GAU des Online-Marketings, nämlich dem sogenannten „Shitstorm“. Damit wird eine massenhafte Empörungswelle im Internet beschrieben, die sich über eine Institution oder ein Unternehmen in Form von Blogbeiträgen, Kommentaren, Tweets oder Facebook-Einträgen ergießt, und die den Ruf nachhaltig zerstören kann.

Der blutige Zeigefinger

Einen klassischen Fall erlebte der Schweizer Nestlé-Konzern 2010, als die Umweltorganisation Greenpeace aus Protest gegen die Verwendung von Palmöl für das Süßwarenprodukt „Kitkat" und dem dadurch bedingten Abholzen der Regenwälder in Indonesien mit einem Online-Video an die Öffentlichkeit ging, in dem Blut aus einem abgebissenen Schokoriegel floss, das dem Zeigefinger eines Orang-Utan nachgebildet war.

Das Video verbreitete sich wie ein Virus im Internet und führte zu einem massiven Absatzrückgang auch für andere Nestlé-Produkte. Nestlé gelang es zwar per Gerichtsbeschluss, die entsprechende Facebook-Seite von Greenpeace sperren zu lassen, erreichte aber dadurch genau das Gegenteil: Es gab einen Aufschrei der Kritiker im Internet. Klassische Medien, wie Tageszeitungen und das Fernsehen, schalteten sich ein und sorgten dafür, dass noch mehr Menschen von dem Fall erfuhren. Gleichzeitig kopierten Zehntausende von Internet-Nutzern das Video auf ihre eigenen Homepages, sodass es für die Schweizer schließlich unmöglich wurde, gegen jeden einzelnen Fall vorzugehen.

Es gibt eine ganze Reihe klassischer Fälle (Pril, Schlecker, Deutsche Bahn), die alle ein paar Gemeinsamkeiten hatten. In den meisten Fällen haben die betroffenen Unternehmen aufkeimende Kritik im Internet nicht ernst genommen oder ignoriert. Oder sie haben durch eine falsche Reaktion die aufkommende Krise sogar noch verschlimmert oder überhaupt erst heraufbeschworen.

Der Münchner Krisenkommunikations-Experte Michael Kausch von der Agentur vibrio rät deshalb Unternehmen, in Sachen Reputationsmanagement vor allem frühzeitig zu beginnen. Dazu gehört seiner Meinung nach ein umfassendes „Social Monitoring". Es ist Aufgabe des Marketings und sollte drei Bereiche umfassen:

Themen-Monitoring: Die laufende Analyse von Themen im geschäftlichen Umfeld und in der Branche.

Partner-Monitoring: Die „Stakeholder-Analyse" erfasst die Äußerungen der Partner und relevanter Multiplikatoren (Medien, Meinungsführer in den sozialen Netzwerken). Dabei wird versucht, zu den neuen Meinungsmachern in Blogs und auf Facebook ebenso direkte partnerschaftliche Beziehungen aufzubauen wie zu klassischen Journalisten.

Brand-Monitoring: Die Markenanalyse erfasst Äußerungen über die Unternehmens- und Produktmarken in Printmedien, im Internet und in sozialen Medien, um Kommunikationskrisen frühzeitig zu erkennen.

„Wenn die Krise da ist, ist es meistens schon zu spät", behauptet Kausch. Zum einen sei eine vorausschauende *Imagekommunikation* im Internet bei der Vermeidung von Krisen hilfreich. „Je etablierter eine Marke im Web bereits ist, desto schwieriger wird es für Kritiker und Trolle, die Online-Kommunikation zu dominieren", glaubt er. „Angriffe, die Google nicht findet, lösen keine Krise aus!"

Zum anderen erleichtere eine vorab definierte *Krisenstrategie* die Reaktion auf einen plötzlich auftretenden Shitstorm. Interne Zuständigkeiten und Kommunikationskanäle, zum Teil auch konkrete Inhalte und Statements, sollte man *vor* dem Eintreten einer Krise definieren. „Wer seine Hausaufgaben gemacht hat, kann typischen Reputationskrisen relativ beruhigt entgegen sehen", so Kausch.

Und wenn nicht? Nun, da möchte man den guten, alten Wilhelm Busch zitieren: „Ist der Ruf erst ruiniert, lebt sich's gänzlich ungeniert." Tatsächlich hat ein Shitstorm im Internet eine gewisse Ähnlichkeit mit einem richtigen Sturm: Beide gehen irgendwann einmal vorüber, und man kann sich ans Aufräumen machen. Auch das gehört zur neuen Jobbeschreibung des Marketings im Online-Zeitalter.

Zehn Fragen, die Sie sich in diesem Moment stellen sollten:

1. Wissen unsere Marketingleute, wie man Kunden zuhört?
2. Wissen wir, wo sich unsere Kunden im Social Web treffen, um sich über unser Unternehmen und seine Produkte oder Dienstleistungen miteinander auszutauschen, und sind wir ein Teil dieser Unterhaltung?
3. Leitet das Marketing wichtige Erkenntnisse über Kundenbedürfnisse oder Beschwerden automatisch weiter an die zuständige Abteilung, oder speichert sie diese Information nur im Silo des CRM-Systems?
4. Setzen wir bereits moderne Analyse-Werkzeuge ein, um laufend aktuelle Erkenntnisse über unsere Kunden im Social Web zu gewinnen, und fliessen diese Erkenntnisse in unsere internen Geschäftsprozesse ein?
5. Sind wir in der Lage, jedem Kunden einen individuellen und für ihn erkennbaren Mehrwert im Sinne von neuen Erlebniswelten zu bieten?
6. Kennt unser Marketing den Unterschied zwischen dem „alten" CRM und „CRM 2.0"?
7. Nehmen wir Beschwerden unsere Kunden wirklich ernst und sind wir in der Lage, schnell und gezielt darauf zu reagieren?
8. Wie gut kennen wir unsere Kunden und was tun wir, um Kundenwissen zu sammeln, auszuwerten und in konkrete Handlungsstrategien umzusetzen?
9. Betreiben wir laufend Themen-, Partner- und Marken-Monitoring, um jederzeit über unser aktuelles Unternehmens- und Produktimage im Bilde zu sein?
10. Sind wir darauf vorbereitet, unseren guten Ruf im Krisenfall online zu verteidigen, beispielsweise wenn wir Opfer eines „Shitstorms" werden?

Kapitel 4:
Der neue Weg
zum Kunden

„Der Effekt der Distanz bleibt auch in virtuellen
Marktplätzen bestehen."
Bo Cowgill und Cosmina Dorobantu
in der Studie „Does online trade live up to the promise
of a borderless world?"

Was leider vielfach vergessen wird, wenn über Online-Handel gesprochen wird, ist die Tatsache, dass es nicht genügt, dem Kunden nur über das Internet verkaufen zu wollen. Wenn es sich um ein physikalisches Produkt handelt, dann muss es auch schnell, sicher und zuverlässig zum Kunden gebracht werden.

Logistik ist die heimliche Königsdisziplin des E-Commerce, und nur wer diese hohe Kunst wirklich beherrscht, wird am Ende erfolgreich sein. Was deshalb kaum überrascht, ist, dass die Logistikbranche besonders hart von der Digitalen Transformation betroffen ist und sich teilweise neu erfinden muss, um den Herausforderungen der digitalen Märkte von morgen gerecht werden zu können.

Manche Voraussagen aus den Frühtagen des Internet wirken heute seltsam blauäugig. Eine davon ist diese: „Im Online-Zeitalter spielt Distanz keine Rolle mehr." Das ist blanker Unsinn!

Es ist ja keineswegs das erste Mal in der Geschichte, dass so etwas behauptet wird. Ende des 19. Jahrhunderts waren es die Eisenbahnen, die angeblich die räumliche Entfernung zusammenschrumpfen lassen sollten: Menschen und Waren ließen sich ja fortan in kürzester Zeit überallhin transportieren, also spiele Distanz für künftige Geschäftsmodelle keine besondere Rolle mehr.

Mehr als 100 Jahre später, 1997, wetterte die britische Journalistin Frances Cairncross vom Wirtschaftsmagazin *The Economist* gegen die „Tyrannei der Geografie". In ihrem Buch *The Death of Distance*[6] prophezeite sie, dass elektronische Kommunikationsmedien wie das Internet Staatsgrenzen verschwinden lassen würden. Die Menschen würden sich bald nur noch dort niederlassen, wo ihnen das Wetter am besten gefällt. Der freie Fluss von Waren und Dienstleistungen rund um den Globus würde zu weltweitem Wohlstand und einer gerechten Ressourcenverteilung führen.

Nun, es sind seit Erscheinen ihres Buchs fast 20 Jahre vergangen, und wir stecken immer noch fest im Griff der Geografie. Entfernung spielt nach wie vor eine Schlüsselrolle im Wirtschaftsleben. Ja, es stimmt, dass digitale Produkte dank allgegenwärtigem Internet und immer smarteren Mobilgeräten theoretisch verzögerungsfrei ausgeliefert und verwendet werden können. Aber bis eine Dose Bier oder eine Rolle Klopapier zum Kunden findet, ist immer noch ein ausgeklügeltes, hochkompliziertes und kostenintensives System nötig, das wir als die moderne Warenlogistik bezeichnen: die Planung, Steuerung, Durchführung und Kontrolle von Material- und Informationsflüssen.

---

[6] The Death of Distance: How the Communications Revolution Will Change Our Lives, Frances Cairncross (1997), Harvard Business Review Press.

Selbst ein ausgewiesener Visionär wie Marc Andreessen, der Begründer von Netscape und Erfinder des Internet-Browsers Mosaic, tut sich schwer mit der Frage, welche Rolle die Distanz in Zukunft spielen wird. Der stationäre Einzelhandel werde bis 2020 verschwunden sein, behauptete er noch vor Kurzem, und zwar weil alle nur noch online einkaufen werden. Dieser Satz wird vermutlich ebenso in die Technikgeschichte eingehen wie der von IBM-Chef Thomas Watson, der 1949 sagte: „Ich denke, es gibt weltweit einen Markt für vielleicht fünf Computer …"

„Der Effekt der Distanz bleibt auch in virtuellen Marktplätzen bestehen", schreiben Bo Cowgill von der University of California in Berkley und Cosmina Dorobantu von der Oxford University in ihrer 2014 erschienenen EU-Studie[7] zur Bedeutung von Entfernung im Online-Handel. Die Wahrscheinlichkeit, dass jemand eine Website in einem fremden Land besuche, nehme mit der Entfernung ab, stellten sie fest. Anders ausgedrückt: Ein Bayer wird eher den Internet-Weinladen eines Ostfriesen besuchen als eines Südfranzosen.

In seinem Buch *Location is (Still) Everything*[8] nahm der Amerikaner David Bell die Kunden des populären Online-Bekleidungsladens Bonobo unter die Lupe und stellte fest, dass mehr als die Hälfte von ihnen von Nachbarn auf den Online-Händler aufmerksam gemacht worden sind. Er konnte verfolgen, wie sich die Kunde von dem Angebot über angrenzende Postleitzahlengebiete ausbreitet, wobei die postalischen Regionen in der Regel eine ähnliche soziodemografische Zusammensetzung aufwiesen und in der Regel von Menschen aus dem gleichen Milieu bewohnt waren. Bell glaubt, dass die rasche Ausbreitung von Smartphones diese Entwicklung sogar noch unterstützt, weil die Menschen vorwiegend nach lokalen oder regionalen

---

[7] Does online trade live up to the promise of a borderless world? Evidence from the EU Digital Single Market, Bo Cowgill, Cosmina Dorobantu (2013), EUR Number: 26217 EN.
[8] Location Is (Still) Everything: The Surprising Influence of the Real World on How We Search, Shop, and Sell in the Virtual One, David R. Bell (2014), New Harvest.

Sonderangeboten suchen und diese mit ihren Nachbarn teilen werden.

Verkaufen auf allen Kanälen

Es ist also ein Fehler zu glauben, dass sich die Zukunft des Handels mit einem „entweder oder" beschreiben lässt. Online oder offline – das entscheidet der Kunde, und jeder Kunde entscheidet anders. Aufgabe des Händlers ist es, ihm überallhin zu folgen.

Vor allem aber: Der Einkauf endet nicht mit dem Click auf den Bestellknopf. Eigentlich beginnt in diesem Moment erst die ganz große Herausforderung, denn der Kunde möchte auch entscheiden, wann und auf welchem Weg das Bestellte zu ihm gelangt. Bei der Suche nach dem gewünschten Produkt stehen ihm eine Vielzahl von Kanälen und damit größtmögliche Flexibilität in der Entscheidung zur Verfügung. Ähnliche Flexibilität werden Kunden in Zukunft auch von der Vertriebslogistik des Anbieters erwartet.

So, wie sich auf der Vertriebsseite (siehe Kapitel 1) der Begriff „Omnichannel" immer mehr durchsetzt, spricht man unter Logistikern seit einiger Zeit auch von „Omnichannel Logistics". So hat UPS, der weltgrößte Paketdienst, in einer Umfrage festgestellt, dass nicht weniger als 62 Prozent der Online-Shopper in Amerika sich wünschen, im Internet bestellte Waren bei Nichtgefallen im Ladengeschäft des Anbieters zurückgeben zu können – was allerdings bis heute nur wenige Händler anbieten.

In einer Ära, in der Kunden immer ungeduldiger sind, kann diese Form der Flexibilität für den Anbieter entscheidend sein. Anders als die meisten Unternehmen, für die stationärer und Online-Handel bis heute meistens völlig getrennt betrachtet und betrieben werden, erwartet der Kunde, dass man ihm auf jedem von ihm gewünschten Kanal entgegenkommt und zufriedenstellt.

Die Realität sieht heute leider anders aus. Zwar haben in den USA große Handelshäuser wie Walmart, Sears oder Macys begonnen, ihren Kunden „in-store fulfillment" anzubieten, also die Erfüllung des Online-Kaufwunschs im stationären Ladengeschäft, aber noch ist das die Ausnahme. Die Analysten von Forrester Research haben Ende 2014 ermittelt, dass nur 55 Prozent der Einzelhändler in Amerika entsprechende organisatorische Vorkehrungen getroffen haben, um Online-Einkäufe im Ladengeschäft zurücknehmen zu können. Mehr als 40 Prozent der für die gleiche Studie befragten Kunden erwarten von ihrem Anbieter, dass sie online bestellte Waren selbst abholen können – und zwar möglichst innerhalb von einer Stunde. Omnichannel-Auslieferung ist also mehr als ein theoretisches Modell: Aus Sicht des Kunden ist es ein wichtiges Entscheidungskriterium für den Kauf und damit für den Anbieter ein nicht zu unterschätzender Wettbewerbsvorteil!

Die Forderung nach mehr Flexibilität in der Logistik verlangt von den Unternehmen der Logistikbranche immer kreativere Ideen und flexibles Handeln. Welcher Kunde will sich zum Beispiel schon einen halben Tag freinehmen, um zuhause auf den avisierten Paketdienst zu warten, der „irgendwann zwischen 9 und 12" vorbeikommen will (und häufig genug erst nachmittags auftaucht)? Am liebsten wollen Kunden selbst bestimmen, wann und wo die Sendung ausgeliefert wird. Und notfalls wollen sie den Fahrer kurzfristig an einen anderen Ort umleiten, vielleicht weil ein wichtiger Termin dazwischen gekommen ist oder sich ein Kind morgens unwohl gefühlt hat und nicht in die Schule gehen konnte.

Um erfolgreich Omnichannel-Vertrieb in dieser flexiblen Form anbieten zu können, müssen Unternehmen umdenken – und sich ganz anders organisieren als früher. Vernetzte Technik bietet hier die Lösung des Problems, die beispielsweise einen genauen Überblick über Lagerbestände, bessere Voraussagen von voraussichtlichen Bestellmengen und Lieferströme bis hin zur nahtlosen Abwicklung von Retouren ermöglicht.

Bestandsüberblick: Omnichannel-Vertrieb schafft die Voraussetzung dafür, Inventurbestände über mehrere Lager, Ladengeschäfte und Vertriebspartner hinweg beobachten und schnell auf Veränderungen reagieren zu können. Angenommen, ein Kunde bestellt im Internet ein Produkt, das im Zentrallager gerade nicht verfügbar ist: Moderne Logistiksysteme müssen in der Lage sein, sekundenschnell herauszufinden, ob das Produkt vielleicht gerade in irgendeiner einer Ladenfiliale im Regal steht oder sich im Fahrzeug des Lieferanten befindet, der zum Anbieter unterwegs ist. Diese Systeme müssen dafür sorgen, dass der Lkw schnell ins Online-Versandlager umgeleitet wird. Umgekehrt kann es sein, dass der Kunde ein Produkt bestellt und angibt, dass er es lieber im Laden abholen will. Das Logistiksystem muss sofort erkennen können, ob das Gewünschte dort vorhanden ist und notfalls schnell für Nachschub sorgen. Nur durch einen einheitlichen Blick auf alle Bestände und Bestellungen lässt sich Enttäuschung beim Kunden vermeiden und ein durchgängig positives Kundenerlebnis garantieren – was aber die Voraussetzung für dauerhafte Kundenzufriedenheit ist.

Forecasting: Die Warenströme sind heute komplizierter und schneller denn je. Das verlangt nach möglichst präzisen Voraussagen darüber, wo zu erwarten ist, dass ein Produkt benötigt wird: im Laden, im Online-Shop, im Zentrallager, beim Lieferanten. Omnichannel Logistics setzt voraus, dass ein fehlendes Produkt aus einer Ladenfiliale abgerufen werden kann – aber dann fehlt es dort womöglich, weil genau in diesem Moment ein anderer Kunde in den Laden kommt, der es kaufen will. Wenn das Prognosesystem akkurat genug arbeitet, können solche Bedarfsspitzen rechtzeitig vorhergesagt und entsprechende Vorkehrungen getroffen werden, um zu verhindern, dass ein Kunde – ob online oder offline – sauer wird. Das verlangt eine präzise und fortlaufende Auswertung historischer Kunden- und Abverkaufsdaten sowie aktuelle Bestellbewegungen, etwa Feiertagsspitzen oder Ferienzeiten.

Retourenmanagement: Kunden möchten heute Produkte nicht nur kaufen, wann und wo sie wollen, sie möchten sie auch zurückgeben können, wann und wo sie wollen. Die Logistik muss damit klarkommen, dass ein Kunde die Waren per Paketpost oder im Laden zurückgeben oder notfalls sogar bei sich zuhause abholen möchte, wenn es für ihn praktisch und bequem ist. Die Herausforderungen an die Sendungsverfolgung, an die betroffenen Mitarbeiter und an das Rechnungswesen sind enorm, müssen aber gemeistert werden, wenn der Kunde bei (Kauf-)Laune gehalten werden soll.

Das alles sind direkte Folgen der neuen Macht des Kunden im Internet-Zeitalter und der einsetzenden Digitalen Transformation. Und auch wenn es dem Anbieter nicht passt: Er hat keine Alternative, als diesen Veränderungsprozess mitzugehen. Schließlich gilt auch hier: Nur wer mitmacht, kann gewinnen!

Retouren als Chance

Gerade beim Thema Retouren zeigt sich, wie schnell sich das Kundenverhalten verändern kann, aber auch wie wichtig es ist, seine Kunden zu kennen, sie zu verstehen und vor allem stets zufrieden zu stellen.

Elektronik und Mode sind heute die beiden absoluten Renner im Online-Handel. Laut Statista machen sie jeweils fast 20 Prozent vom E-Commerce-Umsatz in Deutschland aus. Beide bedeuten für den Händler einen erheblichen logistischen Aufwand, denn Retouren müssen, bevor sie als Neuware ein zweites Mal verkauft werden können, erst eine aufwändige Qualitätskontrolle durchlaufen.

Eine Retourenquote jenseits der 40 Prozent ist zum Beispiel in der Mode-Branche keine Seltenheit. Zalando, der Marktführer im deutschen Online-Textilhandel, berichtet sogar von mehr als 50 Prozent Rücksendungen. Daran ist das Berliner Unternehmen aber selbst schuld, denn es wirbt schließlich mit dem Slogan: „Schrei vor Glück oder schick's zurück".

Das nehmen die Kunden offenbar wörtlich, bietet ihnen Zalando doch an, anders als der Wettbewerb, gekaufte Waren nicht nur innerhalb von 14 Tagen zu widerrufen, wie es im § 355 des Bürgerlichen Gesetzbuchs (BGB) festgelegt ist, sondern sogar bis zu 100 Tage nach dem Kauf. Und zwar ohne Angabe von Gründen. Das ist für viele Kunden ein wichtiges Kaufargument. Der amerikanische Online-Händler Lands End bietet seinen Kunden sogar an, ein einmal gekauftes Produkt jederzeit zurück zu schicken – selbst nach Jahren!

Forscher am Institut ibi research der Universität Regensburg[9] haben versucht herauszufinden, warum die meisten Waren zurückgesandt werden. Und sie sagen auch, was man dagegen tun kann. So sind fehlende oder mangelhafte Produktbeschreibungen oder schlechte Fotos der Ware im Web mit Abstand der Hauptgrund dafür, dass Kunden vom Kauf zurücktreten (81 Prozent). Schon eine optimierte Artikelbeschreibung, die dem Kunden mit Bildern und Text im Detail aufzeigt, was ihn erwartet, wenn er bestellt, ist ein guter Weg, um die Zahl der Retouren einzudämmen.

Erst mit weitem Abstand folgen mangelnde Qualitätssicherung vor dem Versand (33 Prozent), schlechte Verpackung (30 Prozent) oder fehlende Hilfestellung, zum Beispiel Telefon-Hotlines oder Chatmöglichkeiten (28 Prozent). Auffällig ist auch, dass sich viele Kunden erst nach der Bestellung im Social Web umschauen und dort häufig auf negative Beurteilungen stoßen, aufgrund derer sie die Waren gleich wieder zurückschicken, oft ungeöffnet. Fast ein Drittel (32 Prozent) lässt sich auf diese Weise durch kritische Kundenrezensionen beeinflussen.

---

[9] Retourenmanagement im Online-Handel – Das Beste daraus machen (2013), ibi research.

Viele Retouren könnten schon im Vorfeld vermieden werden, schreiben die Regensburger Forscher. Dazu wäre es nötig, beim Online-Angebot genauere Angaben über das Produkt zu machen. Beim Schuhkauf sinkt zum Beispiel die Retourenquote drastisch, wenn der Kunde eine Schablone ausdrucken kann, um die richtige Größe zu bestimmen.

Retouren sind der Fluch des Online-Handels, weil sie einen immensen Kostenapparat mit sich bringen. Wobei fast 40 Prozent der Online-Händler laut ibi-Studie überhaupt nicht wissen, wie teuer sie eine Retoure kommt. Auch über die Gründe für Retouren machen sich viele Händler kaum Gedanken. So planen laut ibi-Studie offenbar bis zu 40 Prozent aller Online-Käufer von vornherein, die Waren wieder zurückzuschicken. Bei Textilien ist das besonders ausgeprägt: 38 Prozent der Befragten gaben zu, meistens mehrere Varianten eines Kleidungsstücks zur Auswahl zu bestellen. In der Elektronikbranche ist das Phänomen dagegen weniger ausgeprägt. Wer bestellt schon gleich mehrere Fernsehapparate, nur um daheim einen ausgiebigen Praxistest durchzuführen?

Auf Platz zwei der Retourengründe kommt die Aussage: „Der Artikel gefällt nicht" (59 Prozent), gefolgt von „Der Artikel passt nicht" (52 Prozent). Defekte Geräte (27 Prozent) und „Falschbestellung" (26 Prozent) sind ebenfalls häufige Ursachen für Retouren.

Wenn man bedenkt, wie häufig Retouren auftreten und welche immensen Kosten damit verbunden sind, dann überrascht es schon, wie wenig sich der Handel um diese Frage kümmert. Dabei gibt es inzwischen viele Möglichkeiten, die Häufigkeit zu ermitteln, mit der Kunden das Gekaufte zurücksenden – und damit etwas dagegen zu tun!

Die Retourenwahrscheinlichkeit ist zum Beispiel deutlich vom gewählten Zahlungsverfahren abhängig. Das ibi-Institut hat dafür einen Indikator errechnet, den sie „RAWI" nennen, und der sich aus zwei Faktoren zusammensetzt: Der erste ist der von den Unternehmen selbst geschätzte interne Arbeitsaufwand im

Retourenfall in Abhängigkeit zum gewählten Zahlungsverfahren. Der zweite Faktor ist das von den Befragungsteilnehmern geschätzte Retourenaufkommen, ebenfalls in Abhängigkeit vom Zahlungsverfahren (siehe die folgende Abbildung). Bewertet wird dann auf einer Skala von 1 (= sehr geringer Aufwand) bis 36 (= sehr hoher Aufwand). Je geringer der Wert, desto geringer ist der Aufwand im Retourenfall.

Am höchsten ist die RAWI beim Kauf per Rechnung, gefolgt von Paypal und giropay. Demgegenüber retournieren Kunden, die per Vorkasse, Sofortüberweisung und Nachnahme zahlen, vergleichsweise selten. Es besteht also ein definitiver Zusammenhang zwischen der Retourenquote und der Zahlungsart. Trotzdem gaben in der Studie nur acht Prozent der Händler an, die angebotenen Zahlungsverfahren anpassen zu wollen, um die Retourenquote zu senken. Das ist insofern nicht erstaunlich, weil 80 Prozent der Verkäufer die Retouren je Zahlungsverfahren gar nicht erst erfassen.

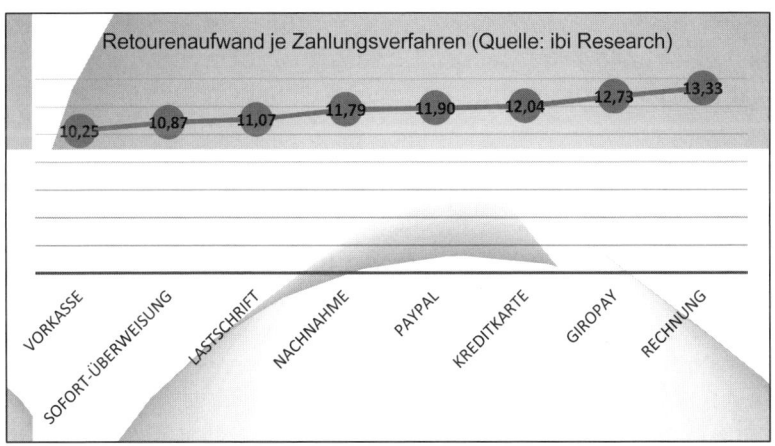

Retourenaufwand je Zahlungsverfahren (Quelle: ibi Research)

Große Onlineanbieter setzen schon während des Kaufvorgangs auf eine automatisierte Prüfung der Retourenwahrscheinlichkeit. Dazu wird beispielsweise die Bestellhistorie des Kunden überprüft und die Zusammensetzung des Warenkorbs analysiert. Sogenannte „komplexe Warenkörbe" gelten als besonders retourenanfällig.

Leider verzichten 55 Prozent aller deutschen Online-Händler darauf, solche Wahrscheinlichkeitsprüfungen vorzunehmen – und verschenken damit jeden Tag bares Geld! Die Hälfte von ihnen gibt an, der Aufwand dafür sei ihnen zu hoch. Andere klagen über fehlendes Personal oder mangelnde Kompetenz auf diesem Gebiet. Eine typische Antwort lautet: „Wir haben viele Erstbestellungen, bei denen uns keine Daten zum Kunden und seinem Retourenverhalten vorliegen." Dabei ist die Analyse der Kundenbonität, von Bestellhistorie oder Warenkorbzusammensetzung relativ einfach zu automatisieren. Außerdem gibt es hilfreiche Faustregeln wie die, dass die Retourenhäufigkeit bei größeren Bestellungen (über 100 Euro Bestellwert) deutlich sinkt.

Manche Händler versuchen, das Rücksenderisiko einzugrenzen, indem sie ihren Kunden nur bestimmte, für den Händler günstige Bezahlformen anbieten. Da einigen Online-Händlern bekannt ist, dass bei Vorkasse oder Nachnahme am wenigsten retourniert wird, ist die Versuchung groß, nur diese Bezahlmöglichkeiten anzubieten. Aber Achtung: Der Kunde erwartet heute, dass er selbst die Zahlungsart wählen kann, und dass sein Anbieter ihm sämtliche Möglichkeiten freihält.

Zalando hat es damit versucht, ihren Kunden nur eine begrenzte Auswahl an Zahlungsmöglichkeiten anzubieten, vorzugsweise Vorkasse oder Rechnung – und ist damit auf die Nase gefallen. Im Jahr 2012 stellten erstaunte Kunden des Versenders auf einmal fest, dass ihnen beim Bestellen nur noch Vorkasse als Alternative angeboten wurde. Es gab einen Aufschrei der Entrüstung im Social Web. Hier ein typischer Kundendialog in einem Diskussionsforum der Frauenzeitschrift *Brigitte* unter dem Titel „AW: Bei Zalando nicht mehr auf Rechnung bestellen können":

> *leilalie: ich habe weder eine rechnung noch eine retoure offen und kann trotzdem nicht mehr auf rechnung bestellen. kundenservice geht niemand ran ... weiß von euch jemand woran das liegen könnte?*

Smio: Wenn du viel dort bestellt und retourniert hast, liegt es vermutlich an der hohen Retourenquote. So ist es bei mir gewesen. Ich hab' öfter mal was auf Rechnung bestellt und seit ein paar Wochen kann ich nur noch per Vorkasse zahlen. Habe dort angerufen, mir wurde gesagt, ich hätte zu häufig Sachen retourniert. Kann ich zwar einerseits verstehen, andererseits ist Zalando nun mal 'n Onlineshop, der mit Retouren rechnen muss. Ich hab nun auch nicht 80 Mal im Monat für 1.000 Euro bestellt oder so …

Kiya: Aber bei Rechnung muss man doch auch erstmal alles bezahlen. Seh ich jetzt keinen großen Unterschied zur Vorkasse. Ich bestell deswegen dort nicht mehr.

Aber was soll ein Onlineshop tun, wenn die Rücksendungen die Marge auffressen und dadurch die Rentabilität gefährdet wird? Wer das so sieht, hat im Online-Handel vermutlich nichts zu suchen, denn seine Weltsicht ist zu eng. Richtig verstanden, sind Retouren sogar eine Chance, seinen Kunden besser kennenzulernen und näher an ihn heranzukommen.

Zunächst einmal gilt: Es ist viel schwieriger, einen einmal verlorenen Kunden wieder zu gewinnen, als einen unzufriedenen Kunden zu halten. So gesehen ist der Aufwand für Retouren sehr schnell wieder hereingeholt, wenn man die Kosten in Relation zu zukünftigen Bestellungen setzt. Der Online-Händler muss ein Interesse daran haben, dafür zu sorgen, dass der Kunde sozusagen „bei der Stange" bleibt und nicht zur Konkurrenz hinübersurft.

Kundenbindung ist im Zeitalter totaler Preistransparenz – dank Google oder Preisvergleichsportalen wie *idealo.de* oder *geizkragen.de* – schwieriger denn je. Jeder kann in Sekundenschnelle feststellen, was andere für das gleiche oder ein vergleichbares Produkt verlangen. Loyalität lässt sich nicht mehr über die Preisgestaltung erreichen, sondern nur über Kundenzufriedenheit. Es lohnt sich also, die Gründe für eine Rücksendung genau anzuschauen.

Mit diesem Wissen ausgestattet, kann der Händler daran gehen, sein Angebot zu optimieren. Neben der Senkung der Retourenquote lassen sich vor allem weitere wichtige Erkenntnisse generieren, auf deren Grundlage er sein Onlineangebot (beispielsweise Texte, Bilder oder Benutzerführung) sowie das Produkt selbst verbessern kann. Das ist sozusagen Marktforschung zum Nulltarif – und kein Unternehmen sollte sich eine solche Chance entgehen lassen!

Fliegende Kisten und Brummis ohne Steuermann

Die Logistikbranche hat in den letzten Monaten viel von sich reden gemacht mit teilweise sehr innovativen, oft aber auch unrealistischen Ideen, die aber für Schlagzeilen in der Publikumspresse gesorgt haben. Amazons Vision von einer Flotte unbemannter Drohnen, die Pakete minutenschnell an ihr Ziel bringen sollen, dürfte dauerhaft an den Bestimmungen der Flugsicherung scheitern, zumindest in den Ballungsgebieten und in der Nähe von Flughäfen. Allerdings wäre es falsch, das Ganze als Schappsidee ad acta zu legen, bevor nicht weiter daran geforscht worden ist.

So sehen manche Experten durchaus ein Potenzial für „drone delivery" in dünn besiedelten Gegenden, etwa entlegene Alpentäler, wo das Ausliefern von dringend benötigten Arzneimitteln auf dem Flugweg eine durchaus interessante und kostengünstige Alternative darstellen könnte. Und in Entwicklungsländern wie Afrika mit einem besonders schlecht ausgebauten Straßennetz und fehlender Logistikinfrastruktur wären die fliegenden Kisten eine echte Bereicherung.

Auch die Idee, führerlose Autos auf die Straße zu schicken, dürfte sich im Personenverkehr wohl nicht ganz so schnell realisieren lassen, wie Google, Daimler und andere Firmen, die an solchen Konzepten arbeiten, es sich zurzeit erhoffen. Zu groß sind die praktischen Probleme, ganz abgesehen von versicherungstechnischen Fragen und der Angst der Menschen davor, das Steuer aus der Hand zu geben.

Im Logistikbereich sieht die Sache aber anders aus: Die Vorstellung vom selbstfahrenden Lkw ist für Transportunternehmen und Paketdienste ausgesprochen reizvoll: Fahrer kosten Geld und müssen in regelmäßigen Abständen Pause machen. Ein autonomer Lastwagen könne theoretisch rund um die Uhr unterwegs sein. Bis es allerdings so weit ist, werden sicher noch Jahre vergehen.

Der Kunde als Paketbote

Vielversprechend hingegen ist die Idee, Kunden zu Paketboten zu machen: „Social Shipping" heißt das inzwischen in der Internet-Sprache, und in den USA bieten schon Start-ups wie Rideship, CrowdToGo oder Zipments an, Sendungen von Privatleuten austragen zu lassen, die zufällig auf Geschäftsreise sind oder einfach Zeit und Lust haben, sich ein paar Euro dazuzuverdienen. Jeden Tag fliegen Millionen von Menschen um die Welt, fahren per Bahn oder Auto von einer Stadt zur anderen und müssten vielleicht ja nur einen kleinen Umweg machen, um ein Paket abzuliefern – und zwar schneller als jeder professionelle Paketdienst. Es muss nur einer das Ganze organisieren, oder?

Allerdings ist die Sache nicht ganz so einfach, wie es zunächst klingen mag. Was ist, wenn das Paket nicht ankommt? Was, wenn der Überbringer das Paket öffnet und den Inhalt, wenn er wertvoll ist, auf Nimmerwiedersehen verschwinden lässt? Was sagen die Versicherer dazu? Was, wenn der Bote unterwegs gegen einen Baum fährt – war es dann ein Arbeitsunfall?

Es gibt einen ganzen Rattenschwanz von ungelösten Fragen, und die professionellen Logistiker werden auch nicht müde, sich immer neue Alptraumszenarien einfallen zu lassen. Klar: Es ist schließlich ihr bisheriges Geschäftsmodell, das durch „Social Logistics" ebenso bedroht ist wie das des Buchhändlers im Zeitalter von Amazon. Es gab deshalb auch einen lauten Aufschrei, als der Handelsriese Walmart 2014 bekannt gab, dass man die Einführung von „Crowd Delivery" ernsthaft prüfe.

Wie ernst das Thema von einigen Experten genommen wird, zeigt schon die Berichterstattung in den klassischen Medien. So bezeichnete das Magazin *Fortune* den 2013 gegründete Social Shipping-Start-up Deliv unlängst als „Uber des Einzelhandels": Das Unternehmen rekrutiert in US-Großstädten Hunderte von Menschen, die mit ihrem Privatwagen durch die Gegend fahren, um Pakete auszutragen. Deliv spart sich so die Kosten für eine eigene Fahrzeugflotte und bezahlt den Fahrer gerade mal den Mindestlohn. Der Kunde bezahlt für diesen Service gerade einmal fünf Dollar – erheblich weniger, als eine vergleichbare Sendung per UPS oder DHL kosten würde.

Einige Investoren fanden die Idee von Deliv so gut, dass sie dem Unternehmen in einer ersten Finanzierungsrunde über eine Million Dollar als Anschubkapital zur Verfügung stellten, um zunächst in 14 amerikanischen Großstädten den Probebetrieb aufnehmen zu können. Wenn der gelingt, hat Deliv-CEO Daphne Carmeli eine Ausweitung des Modells nach Europa und Asien in Aussicht gestellt.

Es wird also wohl nur eine Frage der Zeit sein, bis Paketdienste und Fahrradkuriere auf die Straße gehen und über die „unfaire" Konkurrenz von Deliv schimpfen – so wie es die Taxifahrer 2015 wegen Uber getan haben. Und man muss kein Prophet sein um vorherzusagen, dass sie damit genauso wenig Erfolg haben werden wie das etablierte Droschkengewerbe. Manche Dinge lassen sich einfach nicht aufhalten.

Global oder regional? Egal!

Um zu verstehen, wohin sich die Logistikbranche in den nächsten Jahren bewegen wird, muss man zwei auf den ersten Blick diametral gegensätzliche Trends verstehen. Der Begriff der Globalisierung beschreibt seit vielen Jahren die wachsende Verflechtung zwischen Menschen, Unternehmen, Volkswirtschaften, Institutionen und Nationalstaaten und wird von der Technologisierung und Liberalisierung der Wirtschaft angetrieben. Je nach politischer oder weltanschaulicher Grundeinstellung empfinden wir die Globalisierung als Fluch oder Segen: Für die einen ist es der Weg zu Wachstum und Wohlstand, für die anderen nur die Fortsetzung des Kolonialismus mit anderen Mitteln. Tatsächlich ist der Welthandel in den vergangenen Jahrzehnten ständig gewachsen, und in der Logistik spricht man von der „Containerisierung" des Stückguttransports, die es ermöglicht, Transport, Umschlag und Zwischenlagerung effizienter zu gestalten.

Im Zuge der Globalisierung waren Unternehmen der Logistikwirtschaft gezwungen, ihren Kunden zu folgen, die zunehmend ihre Fertigung in die sogenannten Billiglohnländer Südostasiens verlagerten. Das war nur möglich, da die Logistiker mit dem Transportvolumen Schritt hielten: Immer größere Containerschiffe mussten gebaut, immer mehr Frachtflugzeuge auf die Reise geschickt werden. Kosten und Umweltbelastung stiegen proportional, und womöglich könnte langsam das Ende des Wachstums absehbar sein. Dazu kommt, dass die Menschen ja auch einen immer höheren Lebensstandard verlangen, weshalb die Löhne in fast allen Ländern Asiens, allen voran in China, in den letzten Jahren sprunghaft gestiegen sind. Wer in letzter Zeit diese einstigen „Entwicklungsländer" bereist hat, der weiß, dass man dort häufig die gleichen Autos fährt, die gleiche Kleidung trägt und den gleichen Lebenskomfort genießt wie bei uns (ganz zu schweigen von den gleichen TV-Serien und einer teilweise noch schnelleren Internetverbindung als bei uns).

Es scheint deshalb, als sei die Globalisierung inzwischen ins Stocken geraten. Die Indikatoren sprechen jedenfalls eine deutliche Sprache. Betrachtet man die reinen Wachstumsraten des Welthandels (und nicht dessen Volumen), so wurde etwa im Jahr 2000 ein Höhenpunkt erreicht; seitdem ist ein mehr oder weniger deutlicher Rückgang zu beobachten. Das gleiche Bild zeigt sich, wenn man die Relation zwischen Welthandel und dem Wachstum des Bruttosozialprodukts auf der Welt anschaut. Die Abschwächung hat sich während der Weltwirtschaftskrise 2007/2008 stark beschleunigt und sich danach nur kurz erholt. Inzwischen weisen die Indikatoren wieder alle nach unten (siehe die folgende Abbildung).

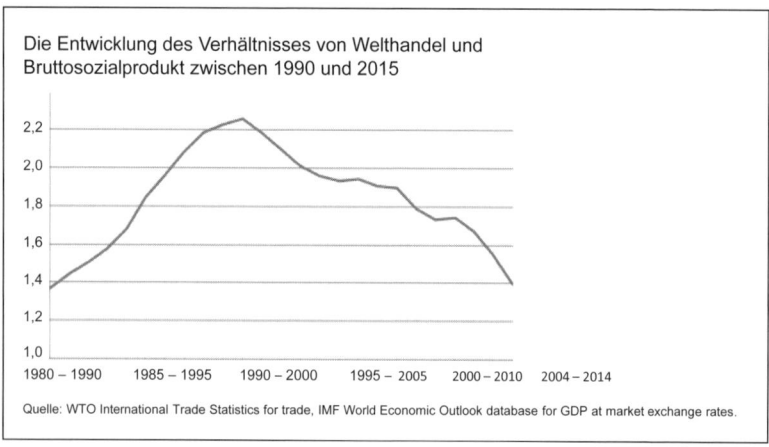

Die Entwicklung des Verhältnisses von Welthandel und Bruttosozialprodukt zwischen 1990 und 2015

Quelle: WTO International Trade Statistics for trade, IMF World Economic Outlook database for GDP at market exchange rates.

Einige Ökonomen deuten das als ein Anzeichen dafür, dass die Globalisierung in Zukunft nicht mehr die Schüsselrolle beim volkswirtschaftlichen Wachstum spielen wird. Diese könnten zwei andere Trends übernehmen, die sozusagen in die Gegenrichtung weisen: Regionalisierung und Verstädterung.

Wir befinden uns laut einem Bericht der Vereinten Nationen bereits mittendrin in der größten Urbanisierungswelle der Geschichte. Mehr als die Hälfte der Weltbevölkerung lebt heute in großstädtischen Ballungsräumen, und dieser Trend wird sich fortsetzen. Bis 2039 werden angeblich mehr als fünf Milliarden Menschen Städter sein. Diese Entwicklung wird vor allem

Asien und Afrika grundlegend verändern, wobei einerseits in der Verstädterung ein hohes Wachstumspotenzial steckt, aber auch die Gefahr der Massenverarmung weiter Bevölkerungsteile. Die Strategieberater von McKinsey gehen davon aus, dass die 600 größten Städte der Welt im Jahr 2025 mehr als 60 Prozent des Bruttosozialprodukts auf sich vereinen werden. Die 100 größten Städte werden ungefähr 35 Prozent zum globalen Wirtschaftswachstum beitragen.

Die Folge wird eine wachsende Regionalisierung der Wirtschaft sein. Und die Aufgabe, immer mehr Waren in immer dichter besiedelte Ballungsräume zu transportieren, wird für die Logistik zu einer riesigen Herausforderung werden. Schon heute klagen wir über mit Lastern verstopfte Autobahnen und Fluten von Kleintransportern, die in den Innenstädten in der zweiten oder dritten Reihe parken, während Heerscharen von Paketboten ihre Sendungen zu den wartenden Händlern tragen. Die Nervenbelastung für die Einwohner steigt ebenso wie die der Umwelt, und der gesunde Menschenverstand sagt uns, dass damit irgendwann Schluss sein muss!

Die logische Konsequenz dieser Entwicklung wäre, die Warenströme so zu optimieren, dass die Transportleistung steigt, ohne dass Kraftstoffverbrauch und Abgasbelastung anwachsen. In einer Studie zu Trends in der Handelslogistik schreiben Forscher vom Fraunhofer-Institut: „Regionale Versorgung bietet Vorteile der Nachhaltigkeit und ist beim Kunden beliebt! Ideal wäre es natürlich, wenn es ein zentrales Warenlager außerhalb der Stadt gäbe, wo zunächst alle Sendungen abgeladen und dann sendungsoptimiert per Kleinlaster an den Bestimmungsort befördert würden."[10] Das aber setzt nicht nur entsprechend vernetzte Systeme voraus, sondern auch die Bereitschaft der Beteiligten zur Kooperation: Wie häufig passiert es heute, dass drei oder vier Miniflitzer in brauner, gelber, blauer und weißer Farbe gleichzeitig vor einem Geschäft oder der Haustür stehen – eigentlich ein Skandal!

---

[10] Herausforderung Urbane Versorgung – Projekt Urban Retail Logistics, Thomas Kahlmann, REWE – Zentralfinanz eG.

Allerdings ist bis heute nur ein geringer Kooperationswille bei den Logistikern zu erkennen. Es gab schon in den 1990er Jahren hier und da Versuche, mit sogenannten „City-Logistik"-Konzepten die Warenströme in die Innenstädte zu konsolidieren und routenoptimiert auszuliefern. Die meisten sind, so die Forscher vom Fraunhofer-Institut für Integrierte Schaltungen (IIS) in Erlangen, gescheitert oder stark zurückgefahren worden. Von 46 einschlägigen Pilotprojekten, die in der Studie „City-Logistik – Bestandsaufnahme relevanter Projekte des nachhaltigen Wirtschaftsverkehrs in Zentraleuropa"[11] betrachtet wurden, sind nur noch acht in Betrieb. Dabei sind die damals beobachteten Haupttrends – die zunehmende Fragmentierung des Sendungsmarkts und die steigende Umweltsensibilität der Bevölkerung – nach wie vor hochaktuell.

Vor diesem Hintergrund ist es klar, wie wichtig der Beitrag der Logistik zur Zukunftssicherung von Handel und Gesellschaft ist. Die Koordination der Warenströme muss verbessert werden. Und auch hier bieten Digitalisierung und Vernetzung interessante Möglichkeiten.

So müssen immer mehr Waren mit Radiochips (RFID) bestückt sein, um sie berührungslos identifizieren und automatisiert sortieren zu können. Lkws müssen in Zukunft mehr und mehr mit Sensoren bestückt werden, damit lückenlos überwacht werden kann, welche Ladung bei welcher Temperatur und folglich mit welcher Qualität und Haltbarkeit ankommt.

Das schwäbische Unternehmen Bizerba, Hersteller von Waagen und Etikettensystemen, stellte bereits 2008 Etiketten nach dem „TTI-System" (Time Temperature Indicator System) vor, die Produktfrische und Einhaltung der Kühlkette sofort sichtbar machen. Die Etiketten sind mit einer speziellen Schicht bedruckt, die bei Licht ihre Farbe verändert. Das Verfärben verläuft umso schneller, je höher die Temperatur. Wird die ideale Temperatur überschritten, etwa weil der Lastwagenfah-

---

[11] Auf der Suche nach praktikablen City-Logistik-Lösungen (2013), Fraunhofer IIS.

rer die Klimaanlage abgeschaltet hat, um Sprit zu sparen, oder weil der Anhänger ein paar Tage an der Grenze stand, weil die Zöllner gestreikt haben, verändert das TTI-Systemetikett die Farbe von „frisch" über „noch zum Verzehr geeignet" bis „nicht mehr verzehrbar".

Am besten natürlich wäre es, wenn man ganz auf die Transportfahrt verzichten könnte, was sich vielleicht zunächst nach Wunschdenken anhört, jedenfalls für nicht-digitale Waren. Aber hier bahnt sich eine technische Revolution durch den Einsatz von 3D-Druckern an.

Beim „Forum Ersatzteillogistik" im März 2015 in Nürnberg wurde eifrig über 3D-Druck im B2B-Bereich diskutiert. Schon heute können komplette Bauteile für den Flugzeugbau, in der Automobilfertigung und auch in der Medizintechnik mithilfe von 3D-Druckern, die vom Hersteller beim Kunden aufgestellt worden sind, in kürzester Zeit und ohne Transportfahrt geliefert werden. Statt einzelner Teile werden die Grundstoffe für die 3D-Drucker an zentrale Lager geliefert und dort entweder vom Kunden selbst abgeholt oder durch Kurierdienste ausgeliefert. Das kann parallel zu bisherigen Ersatzteillogistik erfolgen, da auch mittelfristig, darüber sind sich die Experten einig, der 3D-Druck die klassische Versorgung mit Ersatzteilen nur ergänzen, nicht aber ersetzen wird, etwa dann, wenn ganz schnell ein Teil benötigt wird, damit die Produktion beim Kunden nicht zum Stillstand kommt.

Aber auch der Endkunde wird sich womöglich in nicht allzu ferner Zukunft das Bestellte daheim über seinen 3D-Drucker ausdrucken, statt aus einem Geschäft abzuholen oder sich per Post zuschicken zu lassen. Vorreiter im 3D-Druck für Endkunden sind unter anderem die rheinischen Knauber-Freizeitmärkte, die Ende 2013 in ihrer Bonner Filiale einen 3D-Drucker aufgestellt haben, auf dem Kunden individuelle Projekte oder persönliche Geschenke ausdrucken und mitnehmen können. In der Preisliste stehen Dinge wie „Stifthülle mit Kugelschreiber" für 4,99 Euro oder eine „Herzdose klein" für 6,99 Euro. „Genau genommen kann man mit einem 3D-Drucker so gut wie alles ausdrucken lassen", behauptet Knauber-Geschäfts-führer Nektarios Bakakis.

3D-Drucker für den professionellen Bereich kosten heute nicht mehr als 5.000 Euro und werden in Zukunft nicht teurer sein als ein moderner Tintenstrahldrucker. Sie werden zunehmend eine ernstzunehmende Alternative für die Ersatzteilversorgung im Haus- und Freizeitbereich sein, beispielsweise für ältere Haushaltsgeräte, bei denen keine Ersatzteile mehr lieferbar sind, oder bei speziellen Einzelartikeln und Kleinserien, für die sich eine Massenfertigung und vor allem der Transport nicht lohnt. „Zukünftig werden also nicht mehr Ersatzteile, sondern die entsprechenden CAD-Zeichnungen als 3D-Drucker-Input am Point of Sale vorrätig gehalten", glaubt Bakakis.

Nachhaltigkeit ist Trumpf

Ziel all dieser Entwicklungen ist nicht nur eine Effizienzsteige-rung und Kostensenkung, sondern vor allem die Nachhaltig-keit. Für viele Kunden – Konsumenten wie Geschäftspartner – ist die Sorge um mögliche Umweltbelastungen ein immer wichtigerer Faktor in der Kaufentscheidung. Technologie wird eine Schlüsselrolle spielen, aber auch die Bereitschaft zur Ko-operation der Partner entlang der Logistikkette. So wirbt DHL seit Neuestem damit, den CO_2-Ausstoß bis 2020 um 30 Prozent senken zu wollen. Online-Anbieter wie *carzilla.de* bieten die Möglichkeit, den CO_2-Wert des eigenen Fahrzeugs zu ermitteln und sich ein entsprechendes Umwelt-Label auszudrucken, so wie es zum Beispiel seit Jahren für Haushaltsgeräte, wie Kühl-schränke oder Mikrowellen, möglich ist.

Wer es wirklich ernst meint mit der Nachhaltigkeit, kann sich bei der Initiative Green Freight Europe registrieren lassen (www. greenfreighteurope.eu). Es handelt sich um ein freiwilliges Pro-gramm, das vom Verband „European Shippers' Council" ins

Leben gerufen wurde und es Logistikern und Unternehmen erlaubt, gemeinsame Ziele zu setzen und Kooperationspartner zu finden. Je nachdem, welche Maßnahmen ergriffen werden, gibt es das sogenannte GFE-Label mit bis zu vier grünen Blättern für die Firmenwerbung, nach dem Motto: Tue Gutes und rede darüber!

Eines ist jedenfalls sicher: Die Warenlogistik im Zeitalter von Digitalisierung und Vernetzung wird nicht einfacher sondern komplexer. Es muss deshalb aber nicht komplizierter werden. Wie überall in einem Unternehmen zwingt die Digitale Transformation dazu, sich von liebgewordenen Gewohnheiten zu verabschieden und bewährte, aber inzwischen nicht mehr zeitgemäße Prozesse notfalls radikal zu überdenken. Da geht es den Logistikern aber auch nicht anders als ihren Kollegen im Vertrieb, im Marketing oder Personalwesen – ein kleiner Trost wenigstens …

Zehn Fragen, die Sie sich in diesem Moment stellen sollten:

1. Ist Ihr Unternehmen schon auf mehreren Kanälen unterwegs, und beherrschen Sie diese alle wirklich gut?
2. Ist Ihre Logistik flexibel genug, um online bestellte Waren dort auszuliefern, wo es Ihre Kunden wollen, zum Beispiel im Ladengeschäft?
3. Wissen Sie zu jeder Zeit, wo sich alle Waren in Ihrem Bestand befinden – im Lager, im Laden, im Lkw oder beim Kunden?
4. Können Sie mit hoher Wahrscheinlichkeit im Voraus sagen, wo welche Waren bestellt oder gekauft werden?
5. Können Sie Sendungen verfolgen und notfalls kurzfristig umdirigieren?
6. Wissen Sie, wie viel Sie eine Retoure kostet?
7. Bieten Sie Kunden unterschiedliche Lieferwege an, abhängig von ihrer Bestellhistorie und der Retourenwahrscheinlichkeit?
8. Können Sie sich vorstellen, dass Ihre Kunden auch als Paketboten für Sie tätig werden könnten?
9. Gibt es Artikel in Ihrem Sortiment, die sich für den 3D-Druck eignen?
10. Haben Sie sich schon Gedanken über die Nachhaltigkeit Ihrer Logistikkette gemacht?

Kapitel 5:
Machen Sie's den
Kunden nach!

"Die Geschäftsprozessabwicklung über das Internet samt Integration in Backend-Systeme verkürzt Durchlaufzeiten, senkt Prozesskosten und stärkt die Wettbewerbsfähigkeit"
Thomas Renner, Fraunhofer IAO

Im Einkauf liegt der Gewinn, das weiß jeder gute Kaufmann. Genau da liegt aber das Problem: In einer zunehmend globalisierten Wirtschaft ist es schwierig, bessere und günstigere Bezugsquellen zu finden als die Konkurrenz – denn alle haben ja Zugang zu den gleichen Angeboten. Das alte Kaufmannsprichwort müsste deshalb heute eher lauten: In flexiblen und schnellen Wertschöpfungsnetzwerken liegt der echte Gewinn!

Die Beschaffung selbst hat sich in den letzten Jahren dramatisch verändert. Unternehmen sind schließlich ja auch Kunden – und deshalb im Zeitalter digitaler Vernetzung mächtiger denn je. Sie müssen nur die Mittel und Methoden richtig nutzen, die ihnen die Beschaffung per Internet bieten. Modernes eProcurement und Supply Chain Management machen deshalb heute auch nicht mehr an der Firmenpforte halt, sondern reichen in alle Unternehmensbereiche hinein – und sogar darüber hinaus! Kunden und Lieferanten müssen heute Teil einer vollintegrierten Wertschöpfungskette sein.

Die Angst vor der Digitalen Transformation ist in vielen Unternehmensabteilungen weit verbreitet, und das durchaus zu recht. Nur eine Berufsgruppe sollte sich eigentlich darauf freuen: die Einkäufer!

Wohl niemand sonst in einem typischen Unternehmen leidet nämlich unter solchen Minderwertigkeitsgefühlen wie derjenige, der in der Einkaufsabteilung seinem Tagwerk nachgehen muss. Jens Hollmann, Chefredakteur der Fachmagazins *Einkaufsmanager,* nennt sie deshalb mitleidig die „ungeliebten Beschaffungsmäuschen" – glaubt aber, dass sie das Potenzial dazu haben, zur „Steuerzentrale eines Unternehmens" aufzusteigen.

Tatsächlich denken die meisten beim Stichwort „Beschaffung" an Menschen mit dicken Brillen und Ärmelschonern, die tagaus, tagein dicke Kataloge wälzen und mühsam lange Bestellnummern notieren, die sie in komplizierte Formulare übertragen müssen. Ein Knochenjob, so die Vorstellung der meisten Kollegen, und im Grunde keine wirklich menschenwürdige Beschäftigung. Der Einkäufer als moderner Büroklave? Die Klischees sind fest verwurzelt.

Einmaleins und ABC

Aufgabe der Beschaffung ist es, die für die Herstellung von Produkten oder das Angebot von Dienstleistungen benötigten Materialien, Waren und Leistungen rechtzeitig, in ausreichender Menge und in der geforderten Qualität zu besorgen. In der Wertschöpfungskette des Unternehmens steht sie am Anfang.

Beschaffung hat viel mit Prozessen zu tun, die immer mehr oder weniger nach dem gleichen Schema ablaufen: Bedarf ermitteln, Lieferant aussuchen, eine Bestellung generieren und sich genehmigen lassen, ordern, Wareneingang prüfen, Rechnung prüfen, Rechnung zur Zahlung freigeben. Das sind Dinge, die sich relativ einfach digitalisieren lassen, sozusagen das Einmaleins der digitalen Unternehmensführung.

Es gibt auch ein ABC in der klassischen Beschaffung, nämlich die Unterteilung in A-, B- und C-Teile, je nachdem, wie wichtig ein Teil ist oder wie schwer es zu beschaffen ist. A-Teile sind typischerweise komplex und/oder teuer. Eventuell müssen sie gesondert angefertigt werden, und der Einkäufer verbringt viel Zeit und legt möglicherweise viele Kilometer zurück bei der Suche nach dem richtigen Lieferanten, den Verhandlungen über Anforderungen und natürlich auch über Preise. Im Gegensatz dazu sind C-Teile erstens billig und zweitens nicht gerade kritisch: Man braucht sie, aber meistens genügt dazu ein Griff zum Katalog des langjährigen Zulieferers, und nur selten wird nachgefragt, ob es vielleicht irgendwo einen gibt, der einen Zentelcent weniger für die Schraube oder die Büroklammer verlangt.

Die Anfänge der Digitalisierung im Beschaffungsmanagement reichen ungefähr bis zur Jahrtausendwende zurück: Ende der 1990er Jahre arbeitete der Einkäufer natürlich auch schon mit dem PC, aber viel mehr Werkzeuge als einfache Office-Anwendungen und E-Mail standen ihm nicht zur Verfügung. Die meiste Zeit verbrachte er mit administrativen Dingen, wie das manuelle Zusammentragen und Ausfüllen von Dokumenten und Formularen, das Versenden von Spezifikationen, das Einholen und Vergleichen von Angeboten oder das Dokumentieren von Vereinbarungen und Verhandlungsergebnissen.

Doch dann begann alles ganz anders zu werden. Im Internet eröffneten reihenweise Auktions-Plattformen, wo der Einkäufer mit wenigen Mausklicks sein Bedarf einstellen und die Lieferanten elektronisch gegeneinander bieten lassen konnte. Im Englischen bürgerte sich dafür schnell der Begriff der „Reverse auction" ein, manchmal auch „Dutch auction" genannt, weil die Holländer bei den Angelsachsen als besonders geizig und geschäftstüchtig galten. Bei den Lieferanten waren derartige Rückwärtsauktionen verständlicherweise nicht sehr beliebt, weil die Versuchung groß war, die anderen so lange zu unterbieten, bis man den Zuschlag bekam, obwohl man leider bei dem Geschäft nichts mehr verdienen konnte.

Online-Auktionen und „B2B-Marktplätze" hatten Anfang des Milleniums Hochkonjunktur, vor allem in den Medien. Das Paradebeispiel war Covisint, eine gemeinsame Einkaufsplattform von Daimler, Ford und General Motors, die im Jahr 2000 mit viel Tamtam startete und vier Jahre später relativ unspektakulär wieder abgestoßen wurde. Die ursprüngliche Idee einer gemeinsamen Infrastruktur zur Kommunikation und zur Zusammenarbeit in den komplexen Geschäftsbeziehungen zwischen Zulieferern und Herstellern im Automobilbau, von dem sich die Unternehmen mehr Produktivität und vor allem weniger Kosten versprochen hatten, scheiterte letztlich daran, dass sich keiner der Beteiligten in die Karten gucken lassen wollte. Wichtige Informationen, die für die Zusammenarbeit nötig gewesen wären, wurden zurückgehalten. Und am Ende wurden Deals halt doch wie immer außerhalb des Marktplatzes direkt mit dem Lieferanten verhandelt.

Was vollmundig als „Einkauf 2.0" angekündigt worden war, erwies sich also relativ schnell als Flop. Von den über 1.000 Online-Marktplätzen, die der Marktforscher bei Berlecon Research im Jahr 2000 weltweit aufgelistet hatte, verschwanden die meisten wieder oder wandelten sich (wie Covisint) in neutrale Branchenportale um.

Einkäufer sind auch nur Menschen, und der Mensch ist bekanntlich lernfähig. So begann man Mitte des letzten Jahrzehnts langsam an neuen Konzepten für das eProcurement zu basteln, die schließlich in das mündeten, was etwa seit 2010 als „Einkauf 3.0" bezeichnet wird. Im Grunde, so schrieb der Managementberater Christoph Gabath in seinem Buch *Innovatives Beschaffungsmanagement*[12], „sprechen wir von der ersten Korrektur einer Reaktion (2.0) auf eine bestehende Situation (1.0). Der

---

[12] Innovatives Beschaffungsmanagement: Trends, Herausforderungen, Handlungsansätze, Christoph Walter Gabath (2011), Gabler, ISBN 978-3834928450.

alles entscheidende Unterschied zwischen Einkauf 1.0 und Einkauf 3.0 besteht in der Nutzung eines für die Kommunikation zwischen den beiden Geschäftspartnern geeigneten Mediums." Es geht seiner Meinung nach bei Einkauf 3.0 auch nicht um die Abwicklung von wenigen Einzelprojekten, sondern um eine „umfassende Umstellung der Prozesse auf einen integrierten IT-unterstützten Weg."

Gabarth zählt eine Reihe von Vorteilen auf, die sich mithilfe solcher digitaler Einkaufsprozesse realisieren lassen:

- Senkung der Einstandskosten um neun bis zehn Prozent,
- Objektivierung der Vergabeentscheidung durch einheitliche, transparente Prozesse,
- Prozesskostenreduzierung um fünf bis 13 Prozent durch die Verkürzung von Durchlaufzeiten und medienbruchfreie Informationsübergaben.

„Die Geschäftsprozessabwicklung über das Internet samt Integration in Backend-Systeme verkürzt Durchlaufzeiten, senkt Prozesskosten und stärkt die Wettbewerbsfähigkeit", meint Thomas Renner, Leiter des Competence Centers Electronic Business am Fraunhofer-Institut für Arbeitswirtschaft und Organisation IAO in Stuttgart[13]. Doch leider beherrschen viele mittelständische Unternehmen in den deutschsprachigen Ländern bis heute das kleine Einmaleins des digitalen Einkaufs (noch) nicht.

Eine Studie der Universität Würzburg, die jährlich im Auftrag des Bundesverbands Materialwirtschaft, Einkauf und Logistik (BME) durchgeführt wird, offenbarte 2014 einen deutlichen Nachholbedarf von KMUs (kleine- und mittlere Unternehmen) gegenüber Großkonzernen. So gaben 38 Prozent der Kleinunternehmen an, keine elektronischen Kataloge zu nutzen; bei 95 Prozent aller großen Unternehmen sind sie längst im Ein-

---

[13] Überwachung von Geschäftsprozessen, Thomas Renner et al. (2014), Fraunhofer IAO, ISBN 978-3-8396-0787-9.

satz. Elektronisches Lieferantenmanagement, etwa internet-
basierte Tools, um Lieferanteninformationen zu erheben, zu
pflegen und auszuwerten, ist bei über 50 Prozent der KMUs
nicht vorhanden. Ähnlich düster sieht es bei den elektronischen
Ausschreibungen aus, die vor allem im Bereich der öffentlichen
Verwaltung inzwischen zum Standard gehören. 70 Prozent
der Mittelständler geben an, sie nicht zu nutzen (auch wenn
17 Prozent immerhin planen, demnächst einzusteigen).

Allerdings wächst inzwischen der Druck. Immer mehr Großunternehmen, etwa im Bereich Automobilbau, Luft- und Raum-
fahrt oder Maschinenbau, gehen dazu über, ihre Zulieferer digital an sich zu binden, indem sie Lieferantenportale eröffnen.
Die SupplyOn AG, eine gemeinsame Gründung von Bosch,
Continental, Schaeffler und ZF Friedrichshafen, vernetzt die
Geschäftsprozesse von mehr als 12.000 kleinen und mittleren
Zulieferern weltweit. 2014 wickelten Unternehmen einen Ein-
kaufsvolumen von über 50 Mrd. Euro über diese Plattform ab
– ein lohnendes Geschäft für SupplyOn, das natürlich an jeder
Transaktion mitverdient.

Für kleine und mittlere Firmen, die sich einen Teil des Kuchens
ergattern wollen, bedeutet das allerdings, dass sie sozusagen
zum Mitmachen verdammt sind: Wer sich nicht bei SupplyOn
einklinkt, hat so gut wie keine Chance, als Lieferant eines der
beteiligten Herstellerunternehmen zum Zug zu kommen.

Manche Lieferanten gehen aber auch den umgekehrten Weg:
Sie setzen selbst ein Lieferantenportal auf und laden die Einkäufer ihrer Kundenunternehmen ein, sich ihnen anzuschlie-
ßen. Damit kehrt sich die Rolle des Lieferanten um: Statt nur
auf Anfrage mit passenden Angeboten zu reagieren, wird der
Lieferant zum aktiven Handelspartner seiner Kunden.

Lieferantenwechsel leicht gemacht

Die kleine Münchner Firma Autosen GmbH ist ein gutes Beispiel für diese aktive Vorgehensweise. Das Unternehmen bezeichnet sich als Preisbrecher bei optischen Sensoren, einer

stark wachsenden Sparte, die vor allem für die automatische Fertigung wichtig ist, etwa in der Werkzeugmaschinenindustrie. Gründer Gerd Marhofer konzentrierte sich von Anfang an nur auf die wichtigsten Bautypen, die er in Deutschland fertigen lässt und ausschließlich per Internet vertreibt. Das Besondere an seinem Online-Tool: Der Kunde muss keine detaillierten Spezifikationen in das System eingeben; es genügt die Produktbezeichnung des bisherigen Lieferanten. Das System kennt fast alle Konkurrenzprodukte im Detail und kann innerhalb von Sekunden das entsprechende Produkt von Autosen ausfindig machen. Da sich Marhofer die Kosten für Entwicklung und Produktion spart, sind seine Sensoren in der Regel um die Hälfte billiger als woanders – und der Kunde kann seinen Lieferanten per Mausklick wechseln!

Die Maus, die brüllte

Online-Kataloge und Lieferantenportale machen die Arbeit des Einkäufers leichter, zumal das Bestellen dort dank verbesserter Benutzerführung und modernem Design über weite Strecken einem Einkauf bei Amazon ähnelt. Aber im Grunde bleibt sie die gleiche wie bisher: Einkaufsmaus bleibt Einkaufsmaus, auch wenn sie am Computer sitzt und nicht mehr in dicken Katalogen blättern muss. Das liegt daran, dass der Einkäufer meistens erst dann eingeschaltet wird, wenn bereits alle anderen Entscheidungen gefallen sind: Was wird produziert, wo wird produziert und welche Teile werden dafür benötigt?

Um sich vom Mäuschen zum Macher zu verwandeln, muss es das Ziel des Einkaufs sein, sich als ein zentrales Element der Unternehmensstrategie zu positionieren. Das Zauberwort heißt: *Strategic Sourcing.*

Dazu ist es zunächst wichtig, zwischen operationaler und strategischer Beschaffung zu differenzieren. Aufgabe des operativen Beschaffungsmanagements ist die (wirtschaftliche und effiziente) Abwicklung der Beschaffungsprozesse mit zuvor definierten Lieferanten. Der Beschaffer wird also im Nachhinein tätig.

Bei Strategic Sourcing ist der Blick dagegen nach vorne gerichtet. Es geht um Entscheidungen, von denen die Überlebensfähigkeit des Unternehmens abhängen kann, also um den Erhalt der Wettbewerbsfähigkeit und die Sicherung von Marktanteilen. Schrauben kaufen kann jeder: Der Einkäufer von morgen beschafft vor allem Informationen!

Damit ändert sich die Funktion des Einkäufers aber grundlegend. Statt sich darauf zu konzentrieren, Produkte oder Dienstleistungen möglichst billig zu besorgen, liegt der Fokus beim Strategic Sourcing beim sogenannten TCO (Total Cost of Ownership), also auf den Bedürfnissen der anderen Unternehmensabteilungen, wie Fertigung, Entwicklung oder Vertrieb, ebenso wie auf den organisatorischen Zielen des Managements und den Veränderungen im Markt. Dies setzt ein tiefes Verständnis des eigenen Unternehmens, seiner Stärken und Schwächen sowie seiner mittel- und langfristigen Pläne voraus.

Es bedeutet vor allem: Der Einkauf muss von Anfang an in unternehmerische Entscheidungsprozesse eingebunden sein. „Der Mehrwert des Einkaufs geht weit über die reine Preisverhandlung hinaus", glaubt beispielsweise Hubert Scharbach, Leiter Supply Chain Management bei der Siemens Schweiz AG. So muss seiner Meinung nach der Einkauf eine Schlüsselrolle im Angebotsprozess des Unternehmens spielen, indem er alle Risiken in der Beschaffung transparent macht und das eigene Unternehmen vor unliebsamen und potenziell katastrophalen Überraschungen schützt, etwa dem plötzlichen Ausfall eines wichtigen Lieferanten, der die eigene Produktion zum Erliegen bringen kann.

Einkauf verkehrt:
Das „Kunden-Universum"

Noch einen Schritt weiter geht die junge Münchner Firma TMG Technologie Management Gruppe. Sie wollen Lieferanten in die Lage versetzten, tief in das Innenleben ihrer Kunden zu blicken und zu erkennen, wann dieser demnächst wieder etwas bestellen wird – und zwar nach Möglichkeit bevor es der Kunde selbst weiß!

Dr. Paul Gromball, ehemaliger McKinsey-Berater und Gründer von TMG, hat dafür den Begriff des „Kunden-Universums"[14] geprägt. Es geht dabei um ein Analysewerkzeug, das für das strategische Sourcing und die elektronische Beschaffung eingesetzt werden kann, also darum herauszufinden, wie viel Geschäft das eigene Unternehmen mit einem Kunden machen könnte – wenn es wirklich alle Bedarfe kennen und befriedigen würde.

Um das Kunden-Universum zu erschließen, setzt TMG auf bewährte Methoden der strategischen Markterschließung, verbunden mit einer straffen Ablauforganisation, vernetzten Kommunikationssystemen und dem Durchgriff auf lokale Märkte und Kunden.

Das System arbeitet in vier Schritten: Markterkundung, Identifizieren von Chancen, Entwicklung von Lösungen und Implementierung. Es identifiziert Umsatzpotenziale, die bei herkömmlichem Beschaffungsverhalten, das in der traditionellen Silostruktur der meisten Unternehmen begründet liegt, nicht erkannt werden. Anders ausgedrückt: Die rechte Hand weiß in den Silos oft nicht, was die linke tut. Das Ergebnis:

- „Blinde Flecke": Der Außendienst des Herstellers betreut nur einen Teil der tatsächlichen Kundenstandorte. Der Ver-

---

[14] Das Kunden-Kartell: Die neue Macht des Kunden im Internet-Zeitalter, Dr. Paul Gromball und Tim Cole (2000), Hanser, ISBN 978-3446213777.

trieb kann mit dem Schließen dieser strategischen Lücken beauftragt werden.

- Falsche Produktschwerpunkte: Das Unternehmen weiß nicht, ob die von ihm gelieferten Produkte für den Kunden von eher untergeordneter oder strategischer Bedeutung sind. Das TMG-System kann die Schwachstellen in den vom Kunden als Hauptwachstumssektoren erkannten Produktfeldern ausweisen und konkrete Maßnahmen vorschlagen, die in die Produktentwicklung einfließen können.

- Fehlende Synergien: Aus dieser neuen Betrachtung lassen sich klare Parallelen zu anderen Produktbereichen des eigenen Unternehmens erkennen mit dem Ziel, dieses bislang ungenutzte Synergiepotenzial zu erschließen.

- Verkannte Umsatzpotenziale: Mithilfe des Systems lässt sich das Umsatzvolumen der Wettbewerber beim betreffenden Kunden ausweisen und identifizieren. Das Management kann daraufhin zusammen mit den Verantwortlichen anderer Produktlinien Initiativen und Lösungen zum Cross-Selling initiieren.

Im ersten Schritt wird deshalb versucht, eine möglichst aussagekräftige Gesamtsicht der Kundenpotenziale sowie der eigenen Wettbewerbsposition zu erstellen. Dabei wird davon ausgegangen, dass die bereits im Unternehmen vorliegenden Kundeninformationen aufgrund der verteilten Datenhaltung und unterschiedlicher Berichtsformate kaum für die komplette Darstellung des Kunden-Universums genutzt werden können.

Die sich daraus ergebende Frage lautet: Was sind die besten Quellen, um Informationen über Potenziale in der Zusammenarbeit mit einem Kunden zu identifizieren? Die naheliegende Antwort lautet: unsere eigenen Mitarbeiter! Niemand ist so nah am Kunden wie der eigene Außendienst oder Vertrieb. In einem überregional oder gar global operierenden Unternehmen ist die Sicht des einzelnen Mitarbeiters jedoch zwangsläufig auf jenen Teil des Kundenunternehmens beschränkt, mit dem er unmittelbar zu tun hat, also auf den Einkäufer in einer bestimmten Fachabteilung, der aber nicht weiß, welche Produkte aus dem Sortiment des Lieferanten von seinen Kollegen in anderen Abteilungen oder Niederlassungen möglicherweise benötigt werden.

Ein globales Umsatzsteigerungssystem dient dazu, das Teilwissen so unterschiedlicher Abteilungen wie Marketing, Service, Logistik, Produktion oder Entwicklung zusammenzuführen. Im ersten Schritt werden über einen Workflow konkrete Aufgaben an die betroffenen Mitarbeiter im Vertrieb oder Kundendienst verteilt. Diese müssen detaillierte Fragen zum Kunden, dessen Beschaffungsverhalten, Produktsortiment, Wettbewerbssituation und wirtschaftliche Lage beantworten. So entstehen unter Umständen mehrere Kundenprofile für ein und denselben Kunden, die aber aufgrund der unterschiedlichen Sichtweisen und Beurteilungen der einzelnen Mitarbeiter durchaus voneinander abweichen können. Insbesondere werden die Mitarbeiter gebeten, Vorschläge für Verbesserungen oder Sortimentsergänzungen zu machen, die ihrer Meinung nach vom Kunden erwünscht sind und die deshalb potenziell zu Verkaufserfolgen führen könnten.

Die so gewonnenen Informationen müssen vom Umsatzsteigerungssystem so aufbereitet werden, dass sich für das Management ein klares Bild vom Kunden ergibt. Insbesondere trifft das System eine Vorauswahl von strategischen Prioritäten. Die Aufbereitung erfolgt aufgrund vorher mit der Unternehmensleitung abgestimmter Schlüssel und Kriterien.

So lassen sich mehrere Umsatzpotenziale identifizieren: Sind beispielsweise alle Kundenstandorte oder Produktbereiche bekannt? In einem anderen Fall könnten sich vielleicht durch eine Änderung oder Ergänzung der eigenen Angebotspalette neue Potenziale beim Kunden erschließen lassen, etwa durch eigene Entwicklung oder Zukauf von Fremdfabrikaten. Neue regionale Prioritäten können sich auftun, etwa wenn der Kunde selbst regional expandiert oder er vor dem Eintritt in neue Märkte steht. Und schließlich lassen sich Chancen des Cross Selling erkennen, wenn neue Erkenntnisse über die Geschäftstätigkeit des Kunden und seiner Bedürfnisse gewonnen werden.

Durch die Gewichtung der Erkenntnisse steht dem Management am Ende dieses Prozesses ein Maßnahmenkatalog zur Verfügung, der als strategische Entscheidungshilfe dient. Bei sorgfältiger Vorbereitung und Feinjustierung des Systems lassen sich so Chancen ganz konkret nach Faktoren wie Umsatzsteigerungspotenzial, Volumen, Konkurrenzsituation, Kapazität, Zusatznutzen, Machbarkeit oder Risiko vorsortieren.

Die identifizierten Chancen zur Umsatzsteigerung werden im dritten Schritt in Lösungsprojekten zusammengefasst und auf Umsetzbarkeit sowie strategische Relevanz geprüft. An dieser Phase wirken alle an dem Wertschöpfungsprozess beteiligten Unternehmensbereiche mit. Ein solches Projekt könnte zum Beispiel durch das Erkennen von Umsatzpotenzialen beim Kunden (Vertrieb) ausgelöst werden, aber auch durch das Identifizieren neuer Innovationspotenziale (Forschung), durch Produktdiversifikation (Entwicklung), durch die Erschließung neuer Beschaffungsquellen (Einkauf), durch Produktionsinnovation (Herstellung), durch neue Ansätze in der Logistik (Distribution) oder durch das Angebot neuer Serviceleistungen (Kundendienst). Lösungsvorschläge werden aber grundsätzlich bereichsübergreifend betrachtet und bearbeitet mit dem Ziel, Kundensicht und Unternehmenssicht so zu vereinen, dass sich für das Management ein klares Bild des Kunden ergibt, an den man verkaufen möchte.

Eigentlich müsste jedem klar sein, dass in fast jedem Unternehmen bereits sehr viel mehr Wissen über den Kunden vorhanden ist, als tatsächlich für die strategische Planung genutzt wird. Dieses Wissen liegt aber oft nicht in kodierter, also digital bearbeitbarer Form vor, sondern befindet sich sozusagen in den Köpfen der eigenen Mitarbeiter. Dieses Wissen zu erschließen und zur Identifikation von Wachstumspotenzialen zu nutzen, ist die eigentliche Herausforderung bei der Implementierung des Umsatzsteigerungssystems.

Im ersten Schritt werden deshalb Schlüsselfragen formuliert, aus deren Beantwortung sich ein tieferes Verständnis für den Kunden entwickeln lässt:

- Wie groß ist der Bedarf des Kunden in den einzelnen Produktkategorien, und wie viel davon decken wir heute bereits ab?
- Von welchen Lieferanten kauft der Kunde zurzeit und zu welchen Preisen?
- Was sind die Kaufkriterien des Kunden und lassen sie sich in unserem Sinne beeinflussen oder verändern?
- Was sind unsere Stärken und Schwächen aus Kundensicht, und was sind die Stärken und Schwächen unserer Wettbewerber?
- Kann die Einkaufskategorie des Kunden „entbündelt" werden, um Transparenz und Wettbewerb zu verbessern?
- Welche strategischen Güter und Artikel können über den Angebots-Prozess oder per Auktion eingekauft werden?

Die Ergebnisse werden vom System aggregiert und gewichtet, sodass sie in einem Berichts-Tool – das sogenannte „Cockpit" – übersichtlich und aussagekräftig dargestellt werden können. Durch Veränderung der Inhalte und Korrelationen sowie durch farbliche Gestaltung („Ampelfarben") lassen sich sehr unterschiedliche Detailsichten des Kunden generieren, etwa Umsatzpotenzial pro Region, pro Standort, pro Produktbereich oder sonstigem Kriterium. Der selbstgestellte Anspruch lautete: die gleiche Transparenz schaffen, wie sie die Entscheidungsträger im Kundenunternehmen besitzen. Anders ausgedrückt: Am Ende will der Lieferant seinen Kunden mindestens so gut kennen wie dieser sich selbst.

Das vorausschauende Erkennen von Kundenpotenzialen ist, so Gromball, eines der wichtigsten Aufgaben für das Management von erfolgreichen Unternehmen in der vernetzten Wirtschaft: „Führungsverantwortliche werden zunehmend auf innovative technische Systeme zugreifen müssen, um die Anforderungen des Kunden punktgenau erkennen und erfüllen zu können, dass sich daraus langfristige und planbare Kundenbeziehungen entwickeln können." Unternehmen sollten sich rechtzeitig überlegen, wie sie auf die neue Herausforderung reagieren, die aus der neuen Macht des Kunden und dem sich daraus ableitenden Stellenwert ergibt. Leistungsfähige IT-Systeme zum Profilieren und Aggregieren von Kundenwissen, neuartige Darstellungsmöglichkeiten und Berichtswerkzeuge insbesondere im Finanz- und Planungswesen sowie ein konsequent kundenzentriertes Denken werden die wichtigsten Erfolgsfaktoren in den Märkten von morgen sein.

Einkauf treibt Industrie 4.0

Blickt man in die unternehmerische Zukunft, wird ohnehin klar, dass dem Einkauf eine echte Schlüsselrolle zufallen wird, wenn nämlich die wachsende Vernetzung von Prozessen und Maschinen zu dem führen werden, was Techniker gerne als „Internet of Things" und die deutsche Bundesregierung als „Industrie 4.0" bezeichnen. Die Erfahrung, die der Einkauf in der Zusammenarbeit über Firmengrenzen hinweg besitzt, werde eine Schlüsselrolle im Aufstellen von vernetzten Werkschöpfungsketten spielen, glaubt Dr. Christoph Feldmann, Hauptgeschäftsführer des Bundesverbands Materialwirtschaft, Einkauf und Logistik (BME). Das gehe weit über die bisherige innerbetriebliche Prozessoptimierung hinaus und verlange neue Allianzen und Partnerschaften zur Realisierung kundenspezifischer Lösungen. Die Prozesskompetenz und Markterfahrung des Einkaufs sei Voraussetzung dafür. „Ohne Einkauf und Supply Chain wird Industrie 4.0 in Deutschland nicht stattfinden", ist Feldmann überzeugt.

Wenn beispielsweise Maschinen Ersatzteile und Services nicht automatisch bestellen können, weil das IT-System dazu nicht in der Lage ist, dann bedeutet das für das Unternehmen unter Umständen einen entscheidenden Wettbewerbsnachteil. Industrie 4.0 bedeute aber nicht, dass Roboter Ersatzteile bestellen, glaubt Feldmann – das gebe es ja heute schon. Seiner Meinung nach sollte es das Ziel sein, vollintegrierte digitale Wertschöpfungsprozesse entlang der Supply Chain zu etablieren, die schnell auf Veränderungen im Markt reagieren und rasch aufzeigen, wo es die besten Gewinnaussichten gibt und wo die Kosten am niedrigsten sind. Das erfordere ein vertrauensvolles und durch Verträge abgesichertes digitales Partnernetzwerk, das weit über den eigentlichen Produktionsprozess hinausgehe.

Internet, elektronische Märkte oder elektronische Kataloge sind eine wichtige Quelle für Informationen und die Auswahl und Prüfung von Lieferanten. Und ein Bereich wird in den kommenden Jahren mit Sicherheit immer wichtiger werden: Facebook & Co!

Die Nutzung Sozialer Medien bietet dem Einkäufer eine Reihe von Vorteilen:

- Business-Netzwerke wie Xing oder LinkedIn bieten Kontakt zu Kollegen, Konkurrenten und Kunden und damit oft brandaktuelle Informationen, die dem Einkäufer helfen können, seinen Job besser zu machen.

- Plattformen wie Twitter verfügen über eine ausgeklügelte Suchfunktion (zum Beispiel über „Hashtags"), mit deren Hilfe er sich über die neusten Trends und Meinungen in der Branche auf dem Laufenden halten und selbst Diskussionen über gemeinsame Themen anstoßen kann.

- Das Social Web ist ein guter Ort, um sich ein besseres Bild von seinen Lieferanten, ihrer Geschäftskultur und eventuell auch ihrer Bonität zu machen.

- Auch die Kollegen aus dem eigenen Unternehmen sind in den Business-Netzwerken und Diskussionsforen unterwegs. Social Media ist ein guter Weg, die Beziehung zu ihnen zu festigen und Ideen auszutauschen, die sich später im Büro vertiefen lassen.

„Social Media werden die Treiber einer neuen Einkäufer-Generation sein", glaubt Ioan Brumer von der Münchner Unternehmensberatung *h&z*. Er ist einer der Autoren der Studie „Procurement meets Social Media"[15], in dem er die These vertritt, dass der richtige Einsatz von Social Media im Einkauf nicht nur die Produktivität steigert, sondern auch zu schnelleren, innovativen Entwicklungen führt. Mit der „Alten Garde", die heute in den entsprechenden Abteilungen das Sagen haben, sei das aber vermutlich nur schwer zu realisieren: „Mit der natürlichen Verjüngung in den Einkaufsabteilungen werden sich dort Arbeitsweisen und Kommunikationsverhalten ändern", ist er überzeugt.

Smarter einkaufen

Überhaupt werde die Digitale Transformation der Beschaffung nicht ohne grundlegenden Kulturwandel zu schaffen sein. In Social Media-Kanälen gibt es keine oder nur wenige hierar-

---

[15] Challenges in Procurement 2021 (2012), h&z Unternehmensberatung AG.

chische Strukturen. Das überträgt sich immer stärker auf viele berufliche Aspekte. Das Prinzip, dass jeder zu jederzeit und zu jedem Thema seine Meinung abgeben kann, könne sogar ein Treiber im Innovationsprozess sein. Das dadurch geförderte offene Kommunikationsverhalten und die mögliche Einbindung externer Partner würde die Einkaufsprozesse beschleunigen, zum Beispiel bei der Lieferantensuche und -bewertung.

Allerdings ist die nachwachsende Generation von Einkäufern, die mit dem Internet groß geworden ist, klar im Vorteil. Die heutige Macher-Generation im Alter von 40 bis 60 Jahren wird sich anstrengen müssen, hier Schritt zu halten. „Lernten früher die älteren Mitarbeiter die jungen Einsteiger an, sind die Rollen beim Thema Social Media vertauscht", glaubt Brumer. Das führe oft zu Skepsis und Abneigung und häufig auch zu recht abstrusen Entwicklungen, wenn beispielsweise große Automobilkonzerne die Nutzung von Social Media im Unternehmen blockieren. Er mahnt: „Ein Verbot war noch nie eine Lösung im Entwicklungsprozess von Unternehmen. Vielmehr sind Weiterbildung und ein Verhaltenskodex für die Nutzung von Social Media zielführend."

Überhaupt wird berufliche Weiterbildung und höhere Qualifikation, wie in allen anderen Unternehmensabteilungen, auch in der Beschaffung der Schlüssel zum Erfolg sein. Bis allerdings die Erkenntnisse darüber, welche Fähigkeiten und Kompetenzen ein smarter Einkäufer im Zeitalter von „Smart Procurement" mitbringen muss, in den Lehrplänen der Universitäten und Fachhochschulen Eingang gefunden haben, wird es vermutlich noch eine Weile dauern. Hier sind Selbsthilfe und Eigenverantwortung gefragt.

Veränderung wird es wohl auch in den Köpfen der Manager geben müssen, die heute über die Einführung vernetzter Beschaffungsprozesse entscheiden müssen. Eine Studie der Wirtschaftsprüfer von KPMG stellte nämlich 2014 fest, dass 73 Prozent der Vorstände und Geschäftsführer der von ihnen befragten Unternehmen gar nicht glauben, dass eProcurement einen positiven Wertbetrag zum Unternehmensergebnis liefern könne. Die grauen Einkaufsmäuschen leben also weiter – aber nur noch in den Köpfen verbohrter Manager.

Zehn Fragen, die Sie sich in diesem Moment stellen sollten:

1. Welchen Stellenwert hat der Einkauf in meinem Unternehmen und wird sein Beitrag zur Wertschöpfung ausreichend gewürdigt?
2. Nutzen wir schon Online-Auktionen, elektronische Kataloge und Lieferantenportale?
3. Sind unsere internen Prozesse ausreichend digitalisiert und vernetzt, um an große Beschaffungsportale angeschlossen werden zu können?
4. Ist der Einkauf frühzeitig in strategische Unternehmensentscheidungen eingebunden – womöglich von Anfang an?
5. Kann das Wissen aus Vertrieb und Kundendienst vom Einkauf genutzt werden, um Umsatzpotenziale und Geschäftschancen besser erkennen zu können – oder reden die Kollegen womöglich gar nicht miteinander?
6. Was tun wir, um blinde Flecke und falsche Produktschwerpunkte im Einkauf zu vermeiden?
7. Sind wir zur Zusammenarbeit über Firmengrenzen hinweg bereit, um die Vorteile von vernetzten Werkschöpfungsketten nutzen zu können?
8. Sind unsere Einkäufer regelmäßig in den Sozialen Medien unterwegs, um Informationen über Lieferanten, neue Lieferquellen oder Branchentrends zu sammeln?
9. Wie alt sind unsere Einkäufer?
10. Steht die Geschäftsleitung voll hinter der Digitalen Transformation unserer Einkaufsprozesse?

Kapitel 6:
Smarte Produkte brauchen smarte Hersteller

„Die Zukunft dieser Branchen und des Wirtschaftsstandorts Deutschland hängt entscheidend davon ab, wie zügig und gut es gelingt, die klassische Produktion zu digitalisieren und neue Geschäftsmodelle zu entwickeln."
Winfried Holz, BITKOM

Die Digitale Transformation schickt sie sich jetzt an, die Welt der produzierenden Wirtschaft ebenso nachhaltig zu revolutionieren wie die Wissensarbeit. Intelligente Fertigungsmethoden und „smarte" Fabriken sollen die Zukunft des Industriestandorts Deutschland sichern, sagt die Bundesregierung.

Aber noch wird über „Industrie 4.0" mehr geredet als gehandelt. Am Fließband hält das Digitalzeitalter bei uns nur zögernd Einzug. Dabei liegt hier eine Riesenchance für Unternehmen, die bereit sind, neue Verfahren einzuführen und die Vernetzung bis in die Fabrikhallen auszuweiten. Vernetzte Produktionssysteme verbessern die Qualität und liefern wertvolle Erkenntnisse darüber, wie Industrieerzeugnisse in der Praxis eingesetzt werden, wie zuverlässig sie funktionieren und wo Verbesserungspotenziale schlummern. Und wie überall sonst in der digitalen Wirtschaft steht auch hier wieder der Kunde im Mittelpunkt: Er will immer intelligentere Produkte, die weniger kosten und mehr leisten als je zuvor – und er wird sie auch bekommen!

Roboter, die sich selbst ihre Arbeit suchen. Maschinen, die ohne Hilfe Material anfordern können. Arbeiter, die mit Smartphones durch die Werkshallen laufen und mit dem Finger über den Bildschirm wischen, statt schwere Werkstücke zu heben. Drucker, die fertige Industrieprodukte wie Kirschkerne ausspucken. Visionen gibt es viele von der intelligenten „Fabrik von morgen". Doch in der Praxis wird in deutschen Industriebetrieben meist noch kräftig selbst Hand angelegt.

Dabei könnte alles so schön sein. „In der vierten industriellen Revolution wächst die Fertigungsindustrie mit dem Internet zusammen. Maschinen und Produkte sind untereinander vernetzt. Dadurch werden kürzere Produktzyklen und mehr Produktionsvarianten mit kleineren Losgrößen zu wirtschaftlichen Kosten möglich". So jedenfalls Martina Koederitz, Chefin des deutschen IBM-Ablegers und Mitglied im Präsidium von BITKOM, dem Branchenverband der IT-Wirtschaft in Deutschland, bei einer Pressekonferenz in Hannover anlässlich der CeBIT 2015.

Doch leider gibt es da noch ein paar kleine Probleme, nicht zuletzt deshalb, weil in Deutschland offenbar die Uhren etwas anders gehen. So sprechen Bundesregierung und Industrieverbände immer von „Industrie 4.0", während der Rest der Welt offenbar höchstens bis drei zählen kann, etwa der Soziologe Jeremy Rifkin, der in seinem Bestseller *Die dritte industrielle Revolution: Die Zukunft der Wirtschaft nach dem Atomzeitalter*[16] prophezeit, dass „das Zusammentreffen von Internettechnologie und erneuerbaren Energien zu einer Umstrukturierung der zwischenmenschlichen Beziehungen von vertikal zu lateral" und damit in eine „lichtere Gesellschaft" führen wird.

Auch der Kolumnist und Autor Thomas L. Friedman brachte es in seinem Buch *Die Welt ist flach: Eine kurze Geschichte des*

---

[16] Die dritte industrielle Revolution: Die Zukunft der Wirtschaft nach dem Atomzeitalter, Jeremy Rifkin (2011), Campus.

21. Jahrhunderts[17] nur bis drei: Die erste, die ursprüngliche Industrialisierung, die auf Dampfkraft basierte und uns die Eisenbahn und neue Fertigungsformen bescherte, eine zweite zwischen 1930 und dem Jahr 2000, in dem sinkende Telekommunikationskosten und das Aufkommen des PCs die Welt zusammenschrumpfen ließ. Er sieht uns mitten in einer dritten Revolution, die von drei Faktoren getragen wird: unerschöpfliche Bandbreite zur weltweiten Übertragung von riesigen Datenmengen, Rechnerleistung im Überfluss dank Moore's Law, wonach sich die Leistungsfähigkeit von Computerchips alle 18 Monate verdoppelt, und das Angebot neuartiger Software, die eine immer perfektere Zusammenarbeit von Menschen untereinander, aber auch mit ihren Maschinen erlaubt.

Dass auch Maschinen miteinander reden würden, das schien Friedman damals – es sind ja immerhin schon neun Jahre seit Erscheinen seines Buches vergangen, eine halbe Ewigkeit, gemessen in „Internet-Jahren" – noch gar nicht richtig erkannt zu haben. Dabei liegt darin das wohl aufregendste Veränderungspotenzial, weil dadurch tatsächlich eine grundlegende Industrierevolution angestoßen wird: die Ära des „industriellen Internets".

Waren die Folgen von Digitalisierung und Vernetzung in den letzten 20 Jahren eher im Bereich der Wissensarbeit zu spüren, werden sie in den nächsten 20 Jahren vor allem bei der Fertigung von Gütern des täglichen Bedarfs sichtbar. In der nächsten Stufe der Automatisierung werden sich Maschinen untereinander verständigen und die Produktionsabläufe selbst organisieren. Autonome Roboter werden Seite an Seite mit ihrem Kumpel aus Fleisch und Blut am Fließband stehen – und ihn am Ende womöglich ganz ersetzen.

Fragen, die sich aus solchen Szenarien stellen, sind beispielsweise: Wird es noch Arbeit geben für den Menschen, oder sind wir zur Rolle staunender Zuschauer verdammt? Werden Roboter die Welt beherrschen? Oder, wie der Internet-Kritiker

---

[17] Die Welt ist flach: Eine kurze Geschichte des 21. Jahrhunderts, Thomas L. Friedman (2006), Suhrkamp, ISBN 978-3518418376.

Jaron Lanier bei der Verleihung des Friedenspreises des Deutschen Buchhandels 2014 ketzerisch fragte: „Braucht uns die Zukunft noch?"

Doch so schnell wachsen auch im Internet-Zeitalter die Bäume nicht in den Himmel. Da gibt es noch das menschliche Beharrungsvermögen: Jedem dritten Produktionsbetrieb in Deutschland ist „Industrie 4.0" kein Begriff. Das ergab eine Studie des BITKOM zur Hannover-Messe im April 2015[18]. Demnach sagen die Führungskräfte aus der Automobilbranche, dem Maschinenbau, der chemischen Industrie sowie der Elektronikbranche, dass ihnen der Begriff noch völlig fremd ist. Für Winfried Holz, Mitglied im BITKOM-Präsidium und hauptberuflich Chef der deutschen Niederlassung des französischen Atos-Konzerns, einem der weltgrößten IT-Dienstleister, ist das ein niederschmetterndes Ergebnis. Er mahnt: „Die Zukunft dieser Branchen und des Wirtschaftsstandorts Deutschland hängt entscheidend davon ab, wie zügig und gut es gelingt, die klassische Produktion zu digitalisieren und neue Geschäftsmodelle zu entwickeln. Wer sich jetzt nicht mit dem Thema auseinandersetzt, könnte den Anschluss verpassen!"

Smart Factory sucht smarte Mitarbeiter

Das Fernziel, sozusagen der Heilige Gral der Fertigung, ist schon seit einigen Jahren die „Smart Factory". Keine Industriemesse, kein Symposium oder Kongress, auf dem nicht dieses Vokabular mantraartig wiederholt wird nach dem Motto: „Holt das Internet in die Hallen!"

Wenn das nur so einfach wäre. Zwischen ratternden Förderbändern, polternden Pressen und schrillen Fräsmaschinen

---

[18] Umfrage unter Führungskräften in den industriellen Kernbranchen (2015), Bitkom Research.

eine Computertastatur mit dicken, womöglich ölverschmierten Handschuhfingern zu bedienen, ist kaum zumutbar. Nicht, dass die Digitalisierung nicht schon längst in der Fertigung Einzug gehalten hätte: Sie blieb aber, wie auch in vielen Bereichen von Verwaltung und Wissensarbeit auch, meist nur Stückwerk.

Nicht nur in Deutschland sucht man meist vergeblich nach Vorzeigeprojekten, um das Wirkprinzip der smarten Fabrik von morgen zu demonstrieren. Im US-Bundesstaat New York, an den Ufern des Hudson River, wurde der Autor allerdings schon vor zwei Jahren fündig. Dort betreibt der US-Gigant General Electric (GE) eine Fabrik, in der LED-Lampen, Leuchtstoffröhren und andere Beleuchtungssysteme hergestellt werden. Die Fabrik ist über und über mit Sensoren durchzogen, die von fast jedem Ort der Halle und von jeder dort arbeitenden Maschine Betriebszustände und Umgebungsvariablen melden. Sensoren, die außen am Gebäude und in der Umgebung montiert sind, senden außerdem Informationen über Temperatur und Luftfeuchtigkeit zurück. Ist es draußen feucht und heiß, werden in der Fabrik die Lüftungsschlitze geschlossen und die Klimaanlage hochgefahren um zu garantieren, dass immer optimale Produktionsverhältnisse herrschen, denn Leuchtmittel sind empfindlich: Klimaveränderungen können schnell zu unerwünschten Schwankungen in der Produktionsqualität führen. Und als positiven Nebeneffekt spart GE auf diese Weise Kosten für Heizung und Klimaanlage.

Aber die Intelligenz reicht noch weiter: Sie umfasst auch die dort hergestellten Produkte, die ihrerseits mit reichlich Sensorik ausgestattet sind. In den Leuchtmitteln sind Chips eingebaut, die auch nach Auslieferung und Einbau beim Kunden jederzeit über das Internet Kontakt mit der Fabrik aufnehmen und beispielsweise Daten zur Betriebsdauer und Einsatzbedingungen zurückmelden können. Droht eine Birne oder Röhre mal auszufallen, wird auch das an die Zentrale gemeldet, die einen Techniker in Marsch setzen kann, um das Bauteil auszutauschen, bevor es überhaupt kaputt gegangen ist.

Jody Markopoulos, CEO der Abteilung GE Intelligent Platforms, sieht die Industrieproduktion durch die globale Vernetzung unter massivem Druck: Die Konkurrenz wächst, die Forderungen der Kunden nach immer individuelleren Produkten ebenfalls, das Tempo des technologischen Wandels nimmt zu. In einer so volatilen Umgebung, so Markopoulos, müssen Hersteller bessere Produkte immer schneller produzieren und auf den Markt bringen, und zwar zu immer niedrigeren Preisen. Effizienzsteigerung ist für sie der Weg zu diesem Ziel – und damit zum Überleben in einer postindustriellen Wirtschaft.

Digitale Transformation ist die einzige Lösung, sagt Jody Markopoulos: „Wir müssen die physische Produktion intelligenter machen, indem wir die Maschinen via Software an das Internet anschließen, die Daten aus der Produktion selbst und aus dem Markt auswerten und so neue Erkenntnisse über unsere Arbeit und unsere Produkte gewinnen, um sie zu optimieren und besser zu verkaufen.“

Markolpoulos verwendet den Begriff „Industrial Big Data“, um die Entwicklung zu beschreiben, die sie bereits in vollem Gang sieht und in der es darum geht, möglichst viele Informationen über Menschen, Prozesse und Fertigungsanlagen zusammenzutragen und in Echtzeit auszuwerten. Software muss in einer solchen Produktionsumgebung ständig Trends und Muster analysieren, um Voraussagen über alles vom Maschinenausfall bis hin zu Qualitätsschwankungen vorhersagen zu können. Vorarbeiter in der Fabrik von morgen werden mit iPads oder Smartphones in der Produktionshalle herumlaufen und blitzschnell auf Warnhinweise reagieren, die von den Fertigungsanlagen ausgesendet werden, und die Maschinen mobil von überall im Werk steuern können – etwa so, wie es heute schon Systemadministratoren in der IT mit ihren Servern machen.

„Die Rolle der Fertigungsindustrie verändert sich“, schrieben die Analysten von McKinsey im Herbst 2012 in einem Report zum Thema industrielle Globalisierung. Früher bestand der volkswirtschaftliche Beitrag der Produktion vor allem in Wachstumsimpulsen und Beschäftigungszuwachs. Diese Rolle wird sich ändern. In Zukunft wird der Beitrag der Fertigung zum Bruttosozialprodukt zusätzlich in Innovation, Produktivitätsverbesserung und Warenaustausch bestehen. Hersteller werden immer mehr Dienstleistungen in Anspruch nehmen und Teilprozesse outsourcen. Dabei werden sie immer abhängiger von globalen Netzwerkeffekten.

Roboter sind die besseren Chefs

Bei Robotern denken die meisten Menschen wahlweise an riesige Maschinen mit Greifarmen, die in Autofabriken in Reih und Glied stehen und dort Schwerstarbeit verrichten, oder an kleine Haushaltsroboter wie elektronische Staubsauger oder Sonys niedlicher Aibo, der wie ein Hündchen aussah und auf Knopfdruck Pfötchen gab oder sich auf den Rücken legen konnte. Das Wort „Robota" ist übrigens slawischen Ursprungs und bedeutet so viel wie „Frondienst" oder „Zwangsarbeit". In der Literatur werden Roboter gerne als „Maschinenmenschen" thematisiert – entweder in der Rolle des Helfers oder als Bedrohung.

In der Fertigung stecken Roboter meistens im Gefängnis, also in abgeschlossenen Gitterräumen, zu denen der Mensch keinen oder nur begrenzten Zutritt hat. Das liegt an der Gefahr, die tatsächlich von ihnen ausgeht: Wer nicht aufpasst, könnte dem Roboterarm in die Quere kommen und sich schwer verletzen, bevor irgendjemand auf den Stoppknopf drücken kann. Aber die Tage des Roboters in der Zelle sind bald vorbei. Im Zeitalter autonomer Maschinen wird es möglich sein, den Roboter bald endgültig von der Leine zu lassen.

Das ist allerdings schwieriger, als es sich zunächst anhört. Roboter sind von Haus aus dumm; sie sind nur so intelligent wie die Software, die sie steuert. Bei der DARPA Robotic Challenge, einer Art Olympiade für Maschinen, die jedes Jahr von der amerikanischen Defense Advanced Research Projects Agency, eine Forschungsbehörde des US-Verteidigungsministeriums, veranstaltet wird, purzelten noch im Frühsommer 2015 die computergesteuerten Kombattanten regelmäßig Treppen hinunter oder bleiben hilflos auf dem Rücken liegen wie zappelnde Maikäfer. Der Gewinner des mit zwei Millionen Dollar dotierten Wettbewerbs war ein futuristisch anmutendes Maschinenmännchen namens Hubo, der auf seinen Saugknopffüssen aufrecht gehen kann und an dessen Gelenken Räder befestigt sind, auf denen er notfalls herumhuschen kann.

Autonome Fabrikroboter, wie sie heute entwickelt und demnächst auch eingesetzt werden, können vor allem mithilfe ihrer Sensoren erkennen, ob Menschen in der Nähe sind und werden ihnen ausweichen oder anhalten, bis die Gefahr vorüber ist.

VW-Personalchef Horst Neumann nennt die mechanischen Kollegen, die er demnächst erstmals in Wolfsburg am Fließband einsetzen will, „Robies". Sie sollen ihre menschlichen Kollegen vor allem bei Tätigkeiten ablösen, die entweder besonders repetitiv und deshalb stinklangweilig sind, oder die an schwer zugänglichen Stellen im Auto anfallen und deshalb dauerndes Verrenken erfordern, was auf Dauer zu gesundheitlichen Problemen führen kann.

Yumi, ein weiß-grauer Fertigungsroboter der Firma ABB, ein Hersteller von Automatisierungstechnik mit Hauptsitz in Zürich, ist als kollaboratives Montagesystem ausgelegt und verfügt über ein präzises Visionssystem, Greifer, berührungsempfindliche Sensorik, flexible Software und integrierte Sicherheitskomponenten. Yumi arbeitet so genau, dass er ohne menschliche Hilfe einen Faden durch ein Nadelöhr führen kann. Der Miniroboter arbeitet Seite an Seite mit Kollegen aus Fleisch und Blut, um beispielsweise Schaltschränke zusammenzubauen. Seine Sensoren sind so empfindlich, dass er sofort stoppt, wenn er einen Menschen berührt.

„Die Autonomie der Produktionsmittel nimmt immer weiter zu"[19], behauptet Wolfgang Wahlster, Chef des Deutschen Forschungszentrums für Künstliche Intelligenz (DFKI) in Kaiserslautern. Dabei werden, wie er glaubt, Mensch und Maschine weiterhin Hand in Hand arbeiten – weil sich ihre Fähigkeiten gegenseitig ergänzen.

Allerdings spukt noch immer das Gespenst von der „technologischen Arbeitslosigkeit" durch Automatisierung oder durch den Einsatz neuartiger Produktionsverfahren, vor der schon der britische Ökonomen John Maynard Keynes in den 1940er Jahren warnte, in den Köpfen vieler Manager herum. Der Konstanzer Arbeitsrechtler Bernd Rüthers befürchtet etwa, dass „der technische Fortschritt mehr Arbeitsplätze vernichtet, als Wachstum und alle Deregulierung wieder aufbauen können."[20] Und Jeffrey Sachs, Direktor des Earth Institute an der Columbia University in New York, unkte gar: „Je leichter die Arbeit von Menschen durch Roboter zu ersetzen ist, desto stärker wird die Nachfrage nach menschlicher Arbeit sinken".

In Wahrheit wissen wir, dass technologischer Fortschritt immer allen nutzt, auch wenn Einzelne sich anpassen müssen – oder am Ende durch die Ritzen fallen. Aber dafür haben wir ein Sozialsystem, und es wird die Ausgabe von Staat und Gesellschaft sein, sich um diese Menschen zu kümmern. Für die anderen aber lautet die Herausforderung ganz klar: Wir müssen bereit sein, die Veränderung aktiv anzunehmen. Das erfordert eine flexible Anpassung an sich verändernde Jobsituationen und die Bereitschaft, sich durch Weiterbildung für neue Aufgaben zu qualifizieren. Insofern wird es in der Tat ein Wettrennen geben zwischen Menschen und Maschinen. Aber das ist, wenn man auf die Menschheitsgeschichte zurückblickt, überhaupt nichts Neues.

Horst Neumann von VW entgegnet solch düsteren Szenarien mit einem Hinweis auf den unmittelbar bevorstehenden

---

[19] In der Zukunftsfabrik, Iestyn Hartbrich (2014), Die Zeit 05/2014.
[20] Wie entsteht Wohlstand?, Gerald Braunberge, FAZ vom 13.01.2013.

demografischen Wandel in hochentwickelten Ländern wie Deutschland, wo sinkende Geburtenraten und schrumpfende Lebensarbeitszeiten in den nächsten Jahren zu einer extremen Verknappung im Arbeitsmarkt führen werden. „Ich habe heute schon kaum eine Chance, die Babyboomer zu ersetzen, die in den kommenden Jahren alle in Pension gehen werden, denn es kommt ja nichts nach"[21], sagt er.

Dass Roboter zudem helfen, Kosten zu senken – ein Arbeiter kostet rund 40 Euro pro Stunde, der Roboter nur drei bis sechs – ist für ihn eher an ein angenehmer Nebeneffekt: „Wenn wir in Zukunft gegenüber dem Rest der Welt konkurrenzfähig bleiben wollen, führt kein Weg an dem massiven Ausbau der Automatisierung vorbei", so Neumann.

Nicht, dass jeder Job erhalten bleiben wird. Verdi-Chef Frank Bsirke hat Recht, wenn er davor warnt, dass ganze Berufsfelder bedroht sind. Die Oxford-Forscher Carl Benedikt Frey und Michael Osborne haben in einer Studie[22] ermittelt, dass in den kommenden Jahren 47 Prozent aller Jobs in den Vereinigten Staaten von der Automatisierung durch Computer bedroht sein könnten. Dazu kommt, dass der Anteil der Produktion am wirtschaftlichen Gesamtergebnis, also am Bruttosozialprodukt, seit Jahren ständig sinkt, in Deutschland von fast 25 Prozent im Jahr 1975 auf weniger als 15 Prozent im Jahr 2010.

Innerhalb der Fertigungsbranche könnte allerdings der Einsatz von Robotern und anderen Methoden zur Automatisierung den Arbeitsmarkt sogar beflügeln. Das glauben jedenfalls die Unternehmensberater von Boston Consulting: In einer aktuellen Studie[23] sagen sie für Deutschland allein 390.000 neue Arbeitsplätze in den kommenden zehn Jahren durch den Aufbau neu-

---

[21] Volkswagen ersetzt die Babyboomer durch Roboter, Nikolaus Doll, Die Welt vom 01.02.2015.
[22] The Future of Employment: How susceptible are jobs to computerisation?, Carl Benedikt Frey und Michael Osborne (2013), Oxford Martin School.
[23] Industry 4.0 – the future of productivity and growth in manufacturing industries (2015), Boston Consulting Group.

artiger Produktionsverfahren und technologische Innovation in der Fertigung voraus.

Die Rechnung scheint womöglich aufzugehen: Um den Einfluss von Robotern auf den Arbeitsmarkt zu beleuchten, haben Georg Graetz von der Universität im schwedischen Uppsala und Guy Michaels von der London School of Economics (LSE) Daten zur Verbreitung von Robotern in 17 Ländern zwischen 1993 bis 2007 mit Indikatoren wie Produktivität und Beschäftigung verknüpft und dabei festgestellt, dass gut ein Zehntel des Wirtschaftswachstums in dieser Zeit von den Maschinen ausging[24]. Die Erklärung: „Auf der Ebene des einzelnen Jobs ersetzen Roboter Menschen. Aber die gesamte Industrie wird produktiver, die Arbeiter werden dann einfach in anderen Bereichen eingesetzt", so Graetz.

Wobei immer noch die Frage offen bleibt, wer von den beiden das Sagen haben wird, Mensch oder Maschine. Vieles spricht für Letztere: Einer Studie des MIT[25] zufolge sind Roboter die besseren Chefs. In den Versuchsreihen der Forscher wurde die Führungsverantwortung zwischen den menschlichen Teilnehmern und ihren Roboterkollegen ausgetauscht: In einigen Teams durfte ein Mensch, in den anderen ein Roboter Aufgaben an die Teilnehmer delegieren. Dabei zeigten die Roboter deutlich mehr Verständnis für ihre Mitarbeiter als menschliche Vorgesetzte und waren bei ihren Mitarbeitern deshalb auch deutlich beliebter.

---

[24] Robots at Work, Georg Graetz Guy Michaels (2015), Centre for Economic Performance.
[25] Want a happy worker? Let robots take control, Adam Connor-Simons (2014), CSAIL/MIT News.

Das Ende der Massenfertigung

Roboter mögen vielleicht die spektakulärste Neuerung in der modernen Fertigung sein. In ihrer umwälzenden Bedeutung werden sie aber von vergleichsweise unscheinbaren Geräten überschattet, die in ihrer einfachsten Ausprägung auf jeden Schreibtisch passen. 3D-Drucker sind zwar schon seit Jahren im Gespräch, werden aber bis heute meist eher belächelt – ein fataler Fehler, wie sich zeigen könnte. Denn „additive Manufacturing", wie die Technik im Englischen heißt, hat wirklich das Zeug zu einer eigenen industriellen Revolution, nämlich das Ende der Massenfertigung.

Wie der Name sagt, handelt es sich beim 3D-Druck um einen Prozess, bei dem verschiedene Materialien Lage für Lage aufeinander geschichtet werden, bis ein dreidimensionales Objekt entsteht. Anfangs nur geeignet, um hübsche kleine Werbegeschenke aus Kunststoff herzustellen, hat sich der 3D-Druck in letzter Zeit mit Riesenschritten fortbewegt. Die Zahl der Werkstoffe, die sich damit bearbeiten lassen, ist sprunghaft gestiegen. Neben Kunststoffen und Metallen sind 3D-Drucker heute in der Lage, auch Glas oder Gummi zu verarbeiten. Aber das ist erst der Anfang. Die Liste ist lang und wächst beinah täglich:

- **Schokolade:** Das US-amerikanische Unternehmen 3D Systems hat zusammen mit dem Süßwarenkonzern Hershey ein Gerät namens Cocojet vorgestellt, mit dem sich aus Kuvertüre und anderen zuckrigen Zutaten mehr oder weniger beliebig geformte Leckereien herstellen lassen. Die Ära des kundenindividuellen Schokoriegels steht bevor!

- **Medikamente:** Statt in die Apotheke gehen zu müssen, können sich Patienten ihr Medikament daheim aus dem 3D-Drucker holen! Der Chemiker Lee Cronin von der Glasgow-Universität hat ein Gerät entwickelt, das er „Chemputer" nennt, und das zumindest theoretisch in der Lage ist, jedes beliebige Medikament und insbesondere personalisierte Wirkstoffe herzustellen, die auf die genetischen oder physischen Bedürfnisse des einzelnen Patienten optimiert sind.

- **Knochen:** Ein Forschungsteam an der Washington State University hat aus Silikon, Kalzium, Phosphat und Zink ein Material entwickelt, das sich im 3D-Drucker mit menschlichen Knochenzellen vermischt zu Knochenprothesen verarbeiten lässt. Sie werden dem Patienten implantiert, wobei sich die künstlichen Bestandteile mit der Zeit auflösen und durch nachwachsende organische Knochensubstanz ersetzt werden.

- **Menschliche Organe:** Der Chirurg Anthony Atala verwendet ein Material, das er "Bio-Tinte" nennt und das aus menschlichen Stammzellen gewonnen wird, um durch additive Verfahren Hautgewebe herzustellen. Forscher an der medizinischen Fakultät der Wake Forest University in North Carolina haben damit bereits funktionierende Herzzellen nachgebaut. Andere wollen komplette Blutgefäße und eines Tages sogar komplette menschliche Organe, wie Leber, Nieren oder Milz, im 3D-Drucker „züchten".

Die Revolution findet in kleinen Schritten statt – und das ist wörtlich gemeint. Während tragende Elemente – sagen wir die Wand einer mit 3D-Druck hergestellten Espressotasse – heute bei einer Dicke von etwa einem Millimeter liegen, können darauf Schichten von Farbe oder anderen Materialien aufgebracht werden, die nur bis zu 0,2 bis 0,3 Millimeter dick sein können. Damit ist eine mehr oder weniger beliebige Formgebung möglich, die mit herkömmlichen Herstellungsverfahren nicht oder nur unter extremem Aufwand möglich sind. Das ist besonders im Bereich der Prototypenfertigung wichtig, wo 3D-Druck nicht nur viel schnellere, sondern auch deutlich genauere und detailreichere Ergebnisse liefert als bisher.

Die Bedeutung von 3D-Druck für die Fertigungsindustrie geht aber noch viel weiter: Er wird die Art und Weise verändern, wie Massenfertigung funktioniert. Er könnte sogar das Ende der industriellen Massenproduktion, wie wir sie kennen, einläuten.

3D-Druck bedeutet nämlich, dass im Grunde jeder Konsument sein gewünschtes Produkt nach Lust, Laune und persönlichem Geschmack bestellen kann – wenn er es nicht vorzieht, es selbst herzustellen! Hier gibt es eine starke Parallele zum Verlagswesen, wo ursprünglich auch große Unternehmen das Geschäft des Druckens, Bindens und den Vertrieb von Print-Produkten wie Zeitungen, Magazine, Bücher oder so banale Dinge wie Grußkarten bestimmt haben Diese Tätigkeit ist längst vom Autor übernommen worden: Mit „Books on Demand" kann jeder Autor zum Verleger werden. Einfach den Text als PDF auf die entsprechende Seite eines Anbieters hochladen und schon kann jeder das Buch über den Online-Buchhandel bestellen. Wirklich gedruckt wird nur nach Bestelleingang.

Für industrielle Fertigungsbetriebe bedeutet 3D-Druck vor allem Zeitgewinn. Der Entwicklungsprozess wird drastisch verkürzt, Rüstzeilen eliminiert. Es genügt, die entsprechende digitale Bauanleitung per Internet herunterzuladen, und schon kann jedes gewünschte Teil als Einzelstück hergestellt werden. Additive Fertigung erlaubt viel kompliziertere Formen als traditionelle Herstellungsverfahren, sodass viel mehr Rücksicht auf individuelle Kundenwünsche genommen werden kann. Und im Gegensatz zur alten, meist subtraktiven Fertigung, wo an der Fräsmaschine die Späne flogen, gibt es keinen Abfall, kaum Ausschuss. Die Industriefertigung wird nicht nur effizienter, sie wird auch umweltfreundlicher!

Unterm Strich verspricht der 3D-Druck Riesengewinne für die betroffenen Betriebe. McKinsey erwartet laut einer Studie[26] weltweit ein Umsatzwachstum durch additive Fertigung von 550 Milliarden US-Dollar!

---

[26] 3-D printing takes shape, Daniel Cohen, Matthew Sargeant, Ken Somers (2014), McKinsey&Company.

Demokratisierung der Fertigung

Für die Wertschöpfungs- und Lieferkette werden die Auswirkungen des 3D-Drucks mindestens genau so gravierend sein. Ed Morris, Direktor von NAMII, einer halbstaatlichen Organisation in den Vereinigten Staaten, die sich mit additiver Fertigung beschäftigt, bedeutet 3D-Drucks nichts weniger als den „Zusammenbruch der Supply Chain". In Wirklichkeit handelt es sich aber um einen Schrumpfprozess: Die Wertschöpfungskette wird in ihre Bestandteile zerlegt, verkürzt und an einem anderen Ort wieder zusammengebaut.

Rohstoffe für den 3D-Druck sind Dateien, die sich per Internet rasch an jeden beliebigen Punkt der Erde übertragen lassen. Dadurch wird die Fertigung zunehmend dorthin verlagert, wo das Produkt benötigt wird. Statt Ersatzteile mühsam per Lkw zum Standort der Maschine zu transportieren, wobei inzwischen womöglich die ganze Anlage stillsteht, genügt es, wenn der Lieferant beim Kunden einen 3D-Drucker aufstellt: In vergleichsweise kurzer Zeit kann das defekte Teil eingebaut werden, der Betrieb läuft wieder!

Im Grunde ist additive Fertigung das Gegenteil von Massenfertigung: Statt um Skalierungseffekte – geringe Kosten, hohe Stückzahlen – geht es um kleine Volumen und individuelle Wunscherfüllung. Statt Industrie 4.0 sollte man vielleicht besser von „Manufaktur 2.0" sprechen – eine Rückkehr zum Business-Modell kleiner Handwerksbetriebe, wie Schmieden oder Schreiner, nur eben im Industriemaßstab.

Damit werden aber auch weite Teile des Wertschöpfungsprozesses herkömmlicher Prägung überflüssig und Fertigungsunternehmen gezwungen, sich als Teil eines weitverzweigten Netzwerks zu verstehen. Je nach Einzelfall wird es mehr Sinn machen, den 3D-Drucker beim Kunden aufzustellen, wenn der nicht schon selbst ein solches Gerät beschafft hat, weil er es auch für andere Einsatzzwecke benötigt. In diesem Fall besteht die Aufgabe des „Herstellers" nur noch darin, die Konstruktionspläne in Form von CAD-Dateien zu übermitteln.

Auch im Einzelhandel sind solche Einsatzszenarien nicht nur denkbar: sie sind längst Wirklichkeit. Statt ein Warenlager zu unterhalten, das Kapital bindet und Kosten verursacht, werden kluge Händler einen 3D-Drucker in ihren Laden stellen. Dr. Nektarios Bakakis von der Knauber GmbH, der im Raum Bonn sieben Freizeitmärkte betreibt, ist überzeugt: „Zukünftig werden nicht mehr Produkte, sondern die entsprechenden CAD-Zeichnungen als 3D-Drucker-Input am Point of Sale vorrätig gehalten." In seinen Filialen hat er bereits 3D-Drucker installieren lassen. Dort wird mit dem Slogan geworben: „Ich mach dein Ding – in 3D!" Kunden können beispielsweise selbstgestaltete Handy-Hüllen oder Gitarrenplektren herstellen lassen. Oder ihnen steht eine Auswahl fertiger Druckvorlagen zur Verfügung. Unter Anleitung geschulter Mitarbeiter werden auch kreative oder praktische Objekte „Marke Eigenbau" produziert.

„In dieser Technik sehen wir eine völlig neue Dimension des Einkaufens", sagt Bakakis: Der Endkunde wird zum Produzenten vor allem von Ersatzteilen oder Produktergänzungen. Nach dem Motto „Reparieren statt Wegschmeißen" können beispielsweise defekte Gegenstände oder Teile im 3D-Druck nachgefertigt werden. „Dazu muss man sich nur noch beim jeweiligen Anbieter die passende Druckvorlage herunterladen und kann so unter anderem Lieferzeit und -kosten sparen", so Bakakis.

Eine Fabrik ohne Fabrikhalle, Industriefertigung im „Do-it-yourself"-Verfahren, „Just-in-time" für alle: Tiefer kann die Digitale Transformation kaum reichen. Für Fertigungsbetriebe in Deutschland ist das die einmalige Chance, den Trend zur Abwanderung in sogenannte Billiglohnländer zu stoppen und die Produktion wieder heim ins eigene Land zu holen. Investitionen in Automation, Informationstechnologie, Transportnetzwerke und Qualifikation tragen zusätzlich dazu bei, das Lohngefälle zu den – gar nicht mehr so viel billigeren – „Billiglohnländern" auszugleichen.

„Während steigende Produktivität und wachsende Automatisierung die zunehmend manuelle Arbeitskraft ersetzen, werden die Jobs in der Fertigung ein viel höheres Maß an technologischer Qualifikation von den Arbeitnehmern verlangen", schreibt Prof. Thomas Roemer von der MIT Sloan School of Management[27]. Und ja, es wird Verlierer geben: „Einige werden dabei wohl bedauerlicherweise auf der Strecke bleiben, weil sie es nicht schaffen werden, sich anzupassen", behauptet er.

Der Ruf nach „sozialen Maschinen"

Natürlich eignet sich nicht jedes Produkt für additive Fertigungsmethoden: Auch im Internetzeitalter wird noch kräftig geschraubt, gefräst und gebohrt. Aber die Maschinen, die in den (verbliebenen) Werkhallen herumstehen, werden intelligenter und flexibler. Uns steht das Zeitalter sozialer Maschinen bevor.

Der Begriff „Social Machines" wurde von Tim Berners-Lee, dem Vater des World Wide Web, in seinem Buch *Weaving the Web*[28] geprägt. Er bezeichnete sie als „soziale Systeme", die als „rechnerbasierte Wesen sowohl von Computerprozessen wie von sozialen Abläufen gesteuert werden". Er stellt sich diese Zusammenarbeit von Mensch und Maschine so vor, dass der Mensch für den kreativen Input sorgt, während die Maschine sich um Tagesgeschäft kümmert – digitale Arbeitsteilung, sozusagen.

Auf die Fertigung übertragen bedeutet das, dass sich Maschinen und Halbzeuge künftig Daten untereinander und mit Menschen austauschen werden, um sich gemeinsam zu or-

---

[27] Why It's Time to Bring Manufacturing Back Home to the US, Thomas Roemer (2015), Forbes.
[28] Weaving the Web: The Original Design and Ultimate Destiny of the World Wide Web, Tim Berners-Lee (2000), HarperBusiness, ISBN 978-0062515872.

ganisieren. In einem Interview mit der *Zeit* verglich Wolfgang Wahlster vom DFKI die Steuerung einer „Smart Factory" mit einer Jazzband: „Es gibt ein grobes Schema, an das sich alle Maschinen halten müssen, aber es gibt auch Raum für Improvisationen." Von dem Grad der Kommunikation der Musiker wie der Maschinen untereinander hänge die Qualität des Zusammenspiels ab.

Das geht weit über das hinaus, was heute schon in Fabriken und Fertigungsbetrieben selbstverständlich ist, nämlich der Einsatz von Sensoren und Funktechnik, um Strom zu sparen oder vor drohendem Maschinenausfall zu warnen. Noch immer werden Fabriken zentral gesteuert – aber damit ist bald Schluss! Wenn Maschinen und Werkstücke miteinander kommunizieren können, eröffnet sich Raum für etwas, dass Wahlster mit einem „Auftritt von Solisten in einer Jazzkapelle" vergleicht.

Die Robert Bosch GmbH gehört zu den Pionieren in Deutschland, wenn es um die vernetzte Produktion geht. Im Werk Homburg im Saarland werden Einspritzdüsen für Autos produziert. Dazu werden Injektoren benötigt, die in Kisten zu je 40 Stück in Haltevorrichtungen bereitgehalten werden, die auf Bodenrollern gestapelt sind. Sie stehen in einem abgetrennten Bereich der Werkhalle, der von den Mitarbeitern flapsig „Supermarkt" genannt wird. Jedes Teil ist mit einem Funkchip, einem RFID-Element (für „Radio Frequency Identity") bestückt, kann also einzeln beim Passieren einer Funkbrücke identifiziert werden.

Zieht ein Arbeiter einen Roller heraus, wird genau registriert, welche Bauteile gerade vorbeigerollt sind, und die Vormontage wird alarmiert: Achtung, Nachschub im Anmarsch!" Die dort aufgestellten Maschinen teilen dem Transportroller mit, ob sie gerade verfügbar sind oder nicht, damit dieser nicht vor einer laufenden Maschine herumstehen muss, sondern die Teile dorthin bringt, wo sie gerade benötigt werden.

Schön und gut, aber eigentlich noch ein bisschen „Industrie 1.0". In Wahrheit geht die Kommunikation bei Bosch weit über das Fabrikgelände hinaus: Als Zulieferer ist Bosch mit den Autoherstellern vernetzt. Das Werk tauscht laufend Daten mit den Fließbändern seiner Kunden aus. Wenn bei Opel eine Kiste mit Einspritzdüsen geöffnet wird, weiß das die Maschine bei Bosch sofort und gibt eine neue Kiste in Auftrag, denn sie weiß ja, dass Opel bald Nachschub verlangen wird.

Andreas Müller von Bosch in Homburg schätzt, dass die Logistik in seinem Werk seit Einführung von sozialen Maschinen um mindestens zehn Prozent effizienter geworden ist. Die Arbeiter übernehmen im Grunde nur noch Aufsichtsfunktionen, aber sie wissen viel besser als zuvor, wie es um den Stand der Produktion steht. Jede Kiste kann eindeutig nachverfolgt, der Bearbeitungszustand exakt ermittelt, Fehlerquellen sofort aufgedeckt werden.

Damit verändert sich das Berufsverständnis der betroffenen Mitarbeiter natürlich erheblich. Beim schwäbischen Maschinenbauer Wittenstein in Fellbach bei Stuttgart, wo seit 1898 Zahnräder und andere Maschinenbauteile hergestellt werden, läuft Werksleiter Guiseppe Dolce mit einem Smartphone herum, mit dem er QR-Codes von Bildschirmen scannt, um zu erfahren, welche Fräsmaschinen gerade ausgelastet sind und wohin er – mit einem kurzen Wischen des Zeigefingers über den Handy-Bildschirm – einen Transportwagen mit Halbfertigteilen hinschicken soll.

Seine Mitarbeiter müssen sich nicht mehr beim Fräsen die Hände schmutzig machen oder schwere Zahnräder heben. Als Facharbeiter beschränkt sich ihre Tätigkeit heute auf das Tippen von Befehlen auf berührungsempfindlichen Computerbildschirmen oder Smartphone-Apps. Und statt auf Anweisungen des Werkleiters zu warten, entscheiden sie selbst, welche Aufträge in welcher Reihenfolge abgearbeitet werden sollen. Bemerkt ein Mitarbeiter, dass sich bei einem Kollegen die Aufträge stauen, leitet er den Nachschub zu „seiner" Maschine um.

„Wer 15 Jahre dieselben Handgriffe gemacht hat, mag zuerst nicht glauben, dass es für jeden leichter wird, wenn alle mehr können", sagte Dolce einem Reporter der *WirtschaftsWoche*. Doch einfach wird es nicht sein, den Umstieg zu autonomen Fertigungsverfahren zu stemmen: Dolce selbst musste als gelernter Industriemechaniker und Elektrotechniker noch eine aufwändige Zusatzausbildung absolvieren, bevor er über die nötigen Fähigkeiten verfügte, um die Einführung der digitalen Fertigung bei Wittenstein zu beaufsichtigen.

Nicht jeder Mitarbeiter wird diese Veränderung schaffen, was eigentlich schade ist. „Digitalisierung reduziert die Monotonie vieler Arbeitsabläufe und schafft Zeitsouveränität", glaubt DGB-Chef Reiner Hoffmann. Wer heute eine Ausbildung ein Studium mache, müsse sich darauf einstellen, dass in zehn Jahren 50 Prozent seines Wissens veraltet sein wird. Spezialisten werden gebraucht, um die Fabrik von Morgen aufzubauen und zu betreiben.

„Die Ausbildung muss sich verändern. Das gilt für Facharbeiter und Techniker genauso wie für Akademiker", ist Detlef Zühlke, Professor für Produktionsautomatisierung an der Universität Kaiserslautern, überzeugt. Angehende Ingenieure, so Zühlke, müssten sich wahrscheinlich keine Sorgen machen: „Die sind es gewohnt, mit der Nase im Wind zu lernen." Doch das allein werde kaum ausreichen. Digitale Fertigung und der Einsatz sozialer Maschinen erfordere tiefgehende Kenntnisse im Bereich der Ingenieurwissenschaften ebenso wie der Informatik. Ohne interdisziplinäre Zusammenarbeit werde es keine vernetzte Produktion oder intelligente Fabriken geben, sagt er.

Roboter haften nicht

Es gilt allerdings auch noch einige andere Hürden zu meistern, wenn der Traum von der Industrie 4.0 bei uns Wirklichkeit werden soll. Mit dem Einsatz autonom handelnder Maschinen kommen zahlreiche, noch ungeklärte Haftungsfragen auf. Was passiert, wenn ein Roboter einen Mitarbeiter verletzt? Was, wenn sich die zwischen den Maschinen ausgetauschten Daten plötzlich selbständig machen und in fremde Hände gelangen? Ähnliche Fragestellungen beschäftigen ja zurzeit die Hersteller autonom fahrender Fahrzeuge. Was passiert, wenn ein selbstfahrendes Auto oder ein Lkw ohne Fahrer einen Unfall verursacht? Was ist, wenn die Einparkhilfe einen Blechschaden verursacht?

Mit diesen Fragen betreten wir versicherungsrechtliches Neuland, und es droht eine Situation, in der möglicherweise ein Opfer auf seinem Schaden sitzen bleibt, glaubt Prof. Eric Hilgendorf, Experte für Technikrecht an der Uni Würzburg. Gleiches gilt für den Datenschutz. Hilgendorf: „Die autonom agierende Maschine muss, um Schadensfälle zu vermeiden, mit einer Vielzahl von Sensoren ausgestattet sein und eine Vielzahl von Daten aufnehmen. Darunter werden sich in aller Regel auch Daten befinden, die für den Betrieb der Maschine gar nicht erforderlich sind, etwa auch personenbezogene Daten und Arbeitnehmerdaten. Was damit geschehen soll, muss noch geklärt werden."

Lösungsansätze gibt es, aber keine Einigkeit darüber, wie sie umgesetzt werden sollen. So schlägt Hilgendorf vor, die Industrie zu verpflichten, autonome Maschinen nur mit einem besonderen Versicherungsschutz in Betrieb zu nehmen. Wichtig sei es auch, schon in der Entwicklungsphase technische Sicherheitsstandards einzubeziehen, etwa Systeme, die die Weitergabe personenbezogener Daten von vornherein ausschließen. Er sieht aber auch den Gesetzgeber gefordert, beim Datenschutzrecht nachzubessern und die Speicherung „nebenher" gesammelter Daten klarer zu regeln.

Ob allerdings der Ruf nach dem Gesetzgeber fruchtet, darf bezweifelt werden. Am Ende des Tages wird der Markt darüber entscheiden, welche Maßnahmen möglich und sinnvoll sind und wie viel Datenschutz die Menschen von ihren Fertigungsbetrieben fordern werden. Freiwillige Selbstverpflichtung, Zertifizierungen und andere Mittel der Selbstregulation sind zeitgemäßer und erfahrungsgemäß auch effektiver als die Drohung mit der Keule des Strafrechts.

Der Politik kommt allerdings eine wichtige Rolle beim Umbau der deutschen Wirtschaft in Richtung Industrie 4.0 zu, auch wenn der Spielraum für eine nationale Ordnungspolitik in einem globalen Medium wie dem Internet naturgemäß ziemlich begrenzt bleibt. Dennoch müssen wir Weichen stellen und Signale setzen, wenn Deutschland seine Stellung als eine führende Industrienation nicht verlieren will. Als Hochlohnland gibt es da nur einen möglichen Weg: Innovation!

Andere Länder schlafen ja auch nicht! In den USA wurde 2014 das „Industrial Internet Consortium" (IIC) gegründet, an dem sich über 130 Vorzeige-Unternehmen aus den Bereichen IT und Telekommunikation beteiligt haben und das sich als Austauschplattform zwischen Wirtschaft, Regierung und Wissenschaft versteht. Als klassische „Public-Private-Partnerschaft" ging der Anstoß zur Gründung des Konsortiums nicht von einer staatlich Stelle, sondern von den Unternehmen selbst aus: Gründungsmitglieder waren beispielsweise AT&T, Cisco, General Electric, IBM und Intel. Neben einer intellektuellen Führerschaft strebt das IIC vor allem die Einführung von Standards im Bereich Interoperabilität und Sicherheit an.

Auch der deutsche IT-Branchenverband BITKOM hat sich mit Forderungen gegenüber der Politik zu Wort gemeldet, etwa mit dem Wunsch nach mehr Rechtssicherheit. Das betrifft vor allem die im Rahmen von Industrie 4.0 anfallenden riesigen Datenmengen, die zwischen Unternehmen, Behörden und Privatpersonen ausgetauscht werden müssen und wo bis heute keineswegs klar ist, wem sie eigentlich gehören und wer für ihren Schutz zuständig ist. Auch bei Fragen der Haftung im Schadensfall, verursacht durch autonome Systeme wie frei umherlaufende Roboter oder selbststeuernde Fahrzeuge, steckt Deutschland noch tief im Analogzeitalter. Und die ewige Innovationsbremse Bürokratie ist nach wie vor ein besonderes Ärgernis im Land der Überregulierung und des allgegenwärtigen Beamtenapparats.

Wenn Deutschland sein durch den demografischen Wandel verursachtes „Beschäftigungsloch" in den nächsten Jahren durch verstärkten Einsatz von Robotern stopfen will, ist auch steuerlich dringender Handlungsbedarf gegeben. So muss zum Beispiel geklärt werden, wie mit sogenannten „cyber-physikalischen Systemen" künftig verfahren werden soll. Ist eine Fräsmaschine, die autonom handeln kann, wie ein Anlagegut oder wie ein Computer zu behandeln? Für beide gelten sehr unterschiedliche Abschreibungsfristen, für ein PC in der Regel drei Jahre, für eine Industrieanlage vielleicht 10, 15 oder 20 Jahre, je nach „betriebsgewöhnlicher Nutzungsdauer". Deshalb fordert Wolfgang Dorst, beim IT-Branchenverband BITKOM zuständiger Bereichsleiter für das Thema Industrie 4.0, den „Abbau von Investitionshemmnissen durch die steuerliche Gleichbehandlung cyber-physikalischer Systeme in der Abschreibung mit bestehenden Regularien zur Investition von Maschinengütern." Wenn es der Bundesregierung ernst ist mit Industrie 4.0, wäre also das Steuerrecht vielleicht ein guter Ansatzpunkt.

Ingenieure verzweifelt gesucht

Beim Hauptproblem der deutschen Wirtschaft bezüglich der Entwicklung von Industrie 4.0 hat der Bund ohnehin nichts zu melden: Bildung ist Ländersache. Aber Deutschland benötigt dringend eine Aus- und Weiterbildungsinitiative für Fachkräfte, wenn der Aufstieg in die nächsthöhere Stufe der Industrialisierung – egal welche Zählweise man verwendet – gelingen soll. Der vielgepriesene „duale Weg" in der Ausbildung, bei dem Lehre oder Studium und Arbeitspraxis nebeneinander herlaufen, ist im Prinzip der richtige Ansatz. Er muss aber unbedingt stärker in Richtung einer „Hybrid-Ausbildung" gelenkt werden, bei der zur praktischen Betriebsausbildung ein deutlicher Schwerpunkt auf digitale Technologien und vernetze Systeme dazu kommt. Deutschland ist als Industriestandort nur so gut wie seine Leute, und hier droht ein Rückfall ins internationale

Mittelmaß. China, Indien oder Südkorea sind uns in dieser Hinsicht weit voraus, und der Abstand wird täglich größer: Jedes Jahr verlassen 550.000 frischgebackene Ingenieure in Indien die Hochschulen, darunter mehr als 200.000 Absolventen der 16 renommierten Indian Institutes of Technology (IIT). In Deutschland sind es nur knapp 60.000!

Dazu kommt das wachsende Problem der Überalterung: Jeder fünfte Ingenieur in Deutschland ist älter als 55, wird also in wenigen Jahren in Pension gehen, wie das Institut der Deutschen Wirtschaft (IDW) errechnet hat. Die Hälfte des Jahresbedarfs an neuen Ingenieuren dient damit nur als Ersatz für ausscheidende ältere Berufskollegen! Von Wachstum ist da noch keine Rede. Gerade mal 18 Prozent der Ingenieure hierzulande sind jünger als 34 Jahre. Und die Frauenquote ist hier besonders niedrig.

Es ist deshalb klar, wo die Lösung liegen muss: im Anwerben junger Ingenieure aus dem Ausland, vorzugsweise aus Asien. Doch ihnen wird der Zutritt zum deutschen Arbeitsmarkt schon von Amtswegen meist verwehrt. So werden ausländische Hochschulabschlüsse häufig nicht anerkannt. Da Ausbildung in Deutschland Ländersache ist, sind hier die jeweiligen Landesregierungen in der Pflicht: Sie müssen künftig die Anerkennungsverfahren für ausländische Qualifikationen verbessern und vor allem beschleunigen.

Ob angesichts des Flickenteppichs der deutschen Länderzuständigkeiten eine einheitliche Strategie gefunden werden kann, ist mehr als zweifelhaft. Viel eher ist ein Wettbewerb der Länder untereinander zu erwarten, wenn jeder die anderen mit neuen Initiativen oder Fördermaßnahmen zu übertrumpfen und so die eigene Position bei der Standortwahl zu verbessern versucht.

Dabei wären eigentlich europaweite, wenn nicht sogar globale Strategien gefragt. „Unternehmen agieren nicht entlang nationaler Denkkategorien", schreibt Ansgar Baums, Chef des Berliner Büros von Hewlett-Packard, im Blog *platform-maerkte.de.*

„Nationale Denkschachteln", wie er sie nennt, widersprechen seiner Meinung nach der gängigen Unternehmenspraxis. Der Trend gehe ohnehin zu multi- und internationalen Kooperationen und Plattformen. „Eine nationale Debatte verkennt die Bedeutung internationaler Märkte für deutsche Unternehmen", ist Baums überzeugt.

Fünf Faktoren für die Fabrik der Zukunft

Die Zukunft Deutschlands als Industrienation liegt in der vernetzten Fertigung, daran kann es keinen Zweifel geben. Doch bis dahin ist es noch ein langer Weg. Neben bürokratischen Bremsen und rechtlichen Hürden gilt es vor allem, einen Wandel in den Köpfen von Managern und Mitarbeitern zu initiieren. Die eingangs zitierte BITKOM-Studie, wonach ein Drittel aller Produktionsbetriebe nichts mit dem Begriff „Industrie 4.0" anfangen kann, spricht Bände über den Stand der Entwicklung in diesem Land.

„Um dem zunehmenden Wettbewerbsdruck standzuhalten und schnell auf die sich ständig ändernden Marktanforderungen reagieren zu können, werden sich die Unternehmen der Fertigungsbranche künftig flexibler aufstellen müssen", sagt Herbert Feuchtinger, Vice President der Firma IFS in Erlangen, einem weltweit tätigen Anbieter betriebswirtschaftlicher Softwarelösungen für Produktionsunternehmen. Moderne Technologien, wie das Internet der Dinge oder der 3D-Druck, können sie dabei massiv unterstützen, glaubt er: „ Dieser Wandel wird das Gesicht der Branche nachhaltig verändern – weg von den klassischen Blaumann-Umgebungen und hin zu hoch vernetzten und durchgängig digitalisierten Unternehmen."

Feuchtinger nennt fünf Faktoren, die seiner Meinung nach für die Fabrik der Zukunft prägend sein werden:

- **Stärkere Lokalisierung:** Fertigungsunternehmen werden künftig wesentlich stärker ausdifferenziert und verteilter sein. Kleinere, aber dafür mehr Standorte werden für einen besseren Zugang zu lokalen Ressourcen sorgen und auf neue Marktanforderungen direkt vor Ort reagieren können. Das ermöglicht ihnen, ihre Lieferketten zu optimieren, agiler zu sein und die Lieferzeiten deutlich zu verkürzen. Daneben wird es aber auch weiterhin sehr große Fertigungsstandorte geben, an denen die Unternehmen ihre größten und wichtigsten Teile herstellen oder montieren.

- **Fortschreitende Digitalisierung:** Durch die stärkere Lokalisierung der Supply Chain spielt die Informationstechnologie in Zukunft eine noch größere Rolle, als das in der Branche ohnehin schon der Fall ist. Dank 3D-Druck wird es möglich sein, dass ein lokaler Vertriebsstandort zumindest bei kleineren Ersatzteilen einfach die Blaupause herunterlädt und direkt vor Ort druckt. Darüber hinaus wird die zunehmende Verbreitung von Cloud Computing und des Internets der Dinge eine neue Generation intelligenter Objekte hervorbringen, die Fertiger mit Echtzeitdaten versorgen können. Sensoren von Anlagen und Maschinen, die bei Kunden installiert sind, liefern den Herstellern selbstständig wertvolle Informationen für die Wartung und Instandhaltung, mit deren Hilfe sich bessere After-Sales-Services erbringen lassen.

- **Ausweitung von Kooperationen:** Produktionsunternehmen werden künftig deutlich mehr Partnerschaften eingehen und wesentlich enger zusammenarbeiten, als sie das heute tun. Sie werden zum einen verstärkt Partnerschaften mit Universitäten schließen, um sich frühzeitig die besten Talente zu sichern. Aber auch untereinander müssen sie besser kollaborieren. Der britische Hersteller von Transportverpackungen Loadhog hat beispielsweise ein Austauschprogramm für Auszubildende mit einem seiner wichtigsten Zulieferer ins Leben gerufen, von dem beide Unternehmen profitieren.

- **Flexiblere Konfigurierbarkeit:** Die Fertigungsstandorte werden immer häufiger so konzipiert sein, dass sich ihre

Strukturen schneller und flexibler an neue Marktanforderungen anpassen lassen. Die Elemente von Werkstätten und Produktionshallen – vom einzelnen Arbeitsplatz bis hin zu den Maschinen – sind heute meist noch sehr starr organisiert. In Zukunft werden sie aber zahlreiche unterschiedliche „Konfigurationen" ermöglichen, die jeweils ideal zu den konkreten Anforderungen passen.

• **Kultureller Wandel:** Mit den genannten Änderungen einher geht auch ein Wandel der Unternehmenskultur. Die Menschen werden Fabriken nicht länger als staubige und ölverschmierte, sondern vielmehr als offene und stark vernetzte Orte wahrnehmen.

Dass diese Entwicklung bereits in vollem Gange ist, sieht man an den viele Fabriken hierzulande, die schon eher an Bürokomplexe als an klassische Fertigungsstätten erinnern. Aber die „Smart Factory" braucht smarte Unternehmer und smarte Mitarbeiter. Und dieser Wandel wird etwas länger dauern.

Zehn Fragen, die Sie sich in diesem Moment stellen sollten:

1. Wissen bei uns alle, was „Industrie 4.0" für unser Unternehmen bedeuten wird?
2. Sind autonom arbeitende Maschinen und Roboter in unserer Fertigung schon im Einsatz oder wenigstens angedacht?
3. Wissen wir, wie sich der demografische Wandel in unserem Unternehmen auswirken wird und wo wir in Zukunft genügend qualifizierte Fachkräfte für die Fertigung herbekommen sollen?
4. Kann der 3D-Druck in unserer Firma eine Alternative zu traditionellen Fertigungsverfahren sein, und haben wir schon Erfahrung damit gesammelt?
5. Können wir bei einem Maschinenausfall Ersatzteile sofort per 3D-Drucker vom Lieferanten anfordern, oder werden diese immer noch per Lkw mit vergleichsweise langen Lieferzeiten zugestellt?
6. Könnten wir möglicherweise ins Ausland verlagerte Fertigungskapazitäten wieder zurückholen, wenn wir vernetzte Verfahren wie 3D-Druck einsetzen würden?
7. Wie intelligent ist unsere Fertigung? Sind wir schon eine „Smart Factory" – und wenn nicht, wissen wir wenigstens, was wir tun müssen, um eine zu werden?
8. Wie weit ist unser Unternehmen beim Einsatz von RFID-Chips und anderen Methoden der elektronischen Identifikation von Bauteilen oder Halbfertigprodukten? Spielen derartige digitale Informationen überhaupt eine Rolle in unseren Fertigungsprozessen?
9. Wie selbständig arbeiten heute unsere Mitarbeiter in der Fertigung?
10. Haben wir bereits Partnerschaften mit Hochschulen, aber auch mit anderen Unternehmen geschlossen, um einen kontinuierlichen Nachschub an qualifizierten Fachkräften und Ingenieuren für unser Unternehmen sicherzustellen?

Kapitel 7:
Der neue Mitarbeiter

„Der Anteil der älteren gegenüber den jüngeren Menschen
wächst beständig, gleichzeitig schrumpft Deutschland,
weil es immer weniger Neugeborene gibt."
Hans Dietrich von Loeffelholz in einer Beilage
zur Wochenzeitung Das Parlament

Der Krieg um die Talente wird in Deutschland immer härter geführt. Der demografische Wandel wird den Arbeitsmarkt in einigen Jahren auf den Kopf stellen. Die nachwachsende Generation wird es sich deshalb leisten können, ihre Arbeitgeber in aller Ruhe auszusuchen. Unternehmen müssen die Möglichkeiten der Digitalen Transformation nutzen, um sich vor allem bei jungen Arbeitnehmern bekannt und beliebt zu machen, in der Hoffnung, dass die sich für sie entscheiden – statt umgekehrt. Der Beruf des Personalers rückt so aus der Peripherie in den Mittelpunkt des unternehmerischen Handelns.

Die immense Beschleunigung aufgrund von Vernetzung und Digitalisierung hat auch Folgen für die Arbeitswelt. Der vernetzte Arbeiter hat niemals „Feierabend". Als „Homo digitalis" schreibt er rund um die Uhr Mails und erwartet ohne Rücksicht auf Zeitzone oder Arbeitszeiten eine Antwort. Die neue Arbeitswelt wird deshalb ganz anders aussehen als die alte: Sie kommt dem Menschen insofern entgegen, als sie ihm ermöglicht, seine ganz individuelle Arbeitsumgebung zu schaffen.

Diese Flexibilität hat natürlich ihren Preis. So ist die herkömmliche Festanstellung möglicherweise ein Auslaufmodell. Viele werden überfordert sein von der neuen Selbstverantwortung, von der Notwendigkeit, sich und die eigene Arbeitszeit vernünftig zu organisieren und selbstbestimmt an die Lösung von Aufgaben herangehen zu müssen. In einer sozialen Marktwirtschaft wird es in Zukunft eine der vornehmsten Aufgaben der Gesellschaft sein, sich auch um diejenigen zu kümmern, die von der digitalen Veränderung überfordert sind oder vor ihr bereits kapituliert haben.

Die deutsche Wirtschaft steht vor einem tiefen Abgrund, und er kommt jeden Tag einen Schritt näher. Die Ursachen liegen etwas mehr als ein halbes Jahrhundert zurück, als die Deutschen nämlich kollektiv beschlossen haben, kaum noch Kinder in die Welt zu setzen.

Um sich ein Bild von der Tiefe dieses Abgrunds zu machen, genügt ein Blick auf die Alterspyramide, die inzwischen längst kein spitz zulaufendes Dreieck mehr ist, sondern eher wie ein dickleibiger Fettkloß mit Schwimmring um die Hüfte aussieht. Das ist die Generation der sogenannten „Babyboomer": die Kinder des Wirtschaftswunders, die nach dem Zweiten Weltkrieg geboren wurden und die sich jetzt geschlossen in den mehr oder weniger wohlverdienten Ruhestand verabschieden. Und nach ihnen kommt das große Loch.

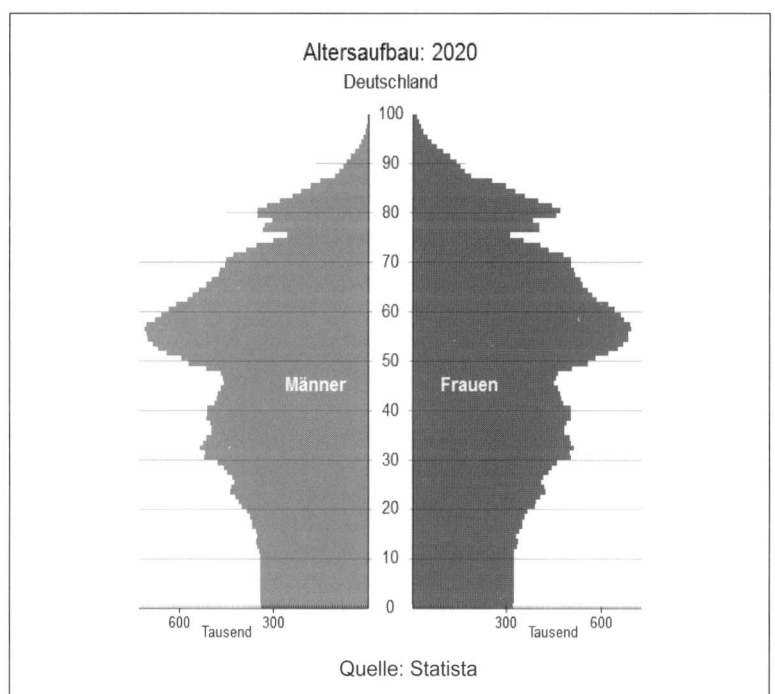

„Seit Jahrzehnten konstant niedrige Geburtenraten und eine immer weiter steigende Lebenserwartung haben die Altersstruktur der Bevölkerung nachhaltig verändert. Der Anteil der älteren gegenüber den jüngeren Menschen wächst beständig, gleichzeitig schrumpft Deutschland, weil es immer weniger Neugeborene gibt." Das schrieb Hans Dietrich von Loeffelholz schon 2011 in einer Beilage zur Wochenzeitung *Das Parlament*.

Es ist also nicht so, als ob wir es nicht gewusst hätten. Und dennoch gab es erstaunte Gesichter, als im Frühjahr 2015 der VW-Personalvorstand Horst Neumann auf einer Tagung des Bundesarbeitsministeriums in Berlin bekannt gab, dass sein Unternehmen in den nächsten zehn Jahren massiv in neue Robotertechnik investieren will – also genau in jene „Jobkiller", vor die Gewerkschaftler seit Jahren vergeblich warnen. Zur Begründung machte Neumann eine Rechnung auf: Durch den demografischen Wandel würden in den nächsten 15 Jahren rund 32.000 Beschäftigte mehr das Wolfsburger Unternehmen verlassen als im langjährigen Durchschnitt. Und Neumann sieht absolut keine Chance, sie zu ersetzen.

Die Automobilindustrie mag ja besonders hart betroffen sein, aber in Wahrheit gibt es keine Branche, in der nicht längst der vielzitierte „War for talent", der Krieg um die immer knapper werdenden Talentressourcen, tobt. Laut einer Studie des Vereins Deutscher Ingenieure (VDI) vom Frühjahr 2015 werden in Deutschland bis 2029 zwischen 84.000 und 390.000 Ingenieure fehlen. Bereits im Jahr 2009 warnte das Institut der Deutschen Wirtschaft (IDW) davor, dass in den nächsten Jahren 220.000 Stellen in den sogenannten MINT-Berufen (Mathematik, Informatik, Naturwissenschaft und Technik) mangels Nachschub unbesetzt bleiben werden.

Es könnte sogar noch schlimmer sein, gäbe es nicht zwei aktuelle Trends, die dem entgegenlaufen:

Mehr Studenten: An den Hochschulen herrscht Hochkonjunktur, gerade bei den technischen Fächern. So stieg die Zahl der Ingenieursabschlüsse zwischen 2008 und 2013 laut dem wirtschaftsnahen Stifterverband für die Deutsche Wissenschaft um fast 50 Prozent auf 62.000 jährlich.

Mehr Zuwanderer: Immer mehr Menschen aus dem Ausland kommen nach Deutschland. Fast die Hälfte von ihnen kam mit einem Hochschulabschluss, viele in naturwissenschaftlichen oder technischen Disziplinen, wie das Institut für Arbeitsmarkt- und Berufsforschung (IAB) festgestellt hat.

Ohne diese beiden „Lebensretter" hinge die deutsche Wirtschaft längst am Tropf. Dass es laut Statistischem Bundesamt 2015 trotzdem noch 2,8 Millionen Arbeitslose gab, hängt eher damit zusammen, dass viel Deutsche den falschen oder gar kein Beruf gelernt haben. Statt mehr Friseure braucht das Land mehr Forscher, also höher- bis hochqualifizierte Fachleute in den Schlüsselbranchen.

Die neue Macht der Bewerber

Wer sich dagegen als junger Mensch die Mühe macht, in die eigene Qualifikation zu investieren, der steht heute vor einer Situation, die in der Geschichte wohl einmalig ist: Statt Arbeit zu suchen, wird er gesucht – verzweifelt gesucht! „Bewerber haben heute viel mehr Macht", behauptet der Chef des Business-Netzwerks Xing, Thomas Vollmoeller, in einem Interview mit der *Frankfurter Allgemeinen Zeitung*: „Sie sind heute immer häufiger in einer Position, in der sie ihren Arbeitgeber aussuchen können. Das bietet viele Chancen!"

Gleichzeitig differenziere sich die Arbeitswelt immer stärker aus. Einerseits gebe es weiterhin Menschen, die gezielt den klassischen Karriereweg beschreiten und lieber von neun bis fünf im Büro sitzen. Andererseits wächst die Zahl derjenigen, die aus einer wachsenden Anzahl alternativer Modelle wählen wollen, vom Freiberufler über serielle Festanstellung (neudeutsch: „Job Hopping") bis zu den verschiedensten Teilzeitmodellen.

Digitale Netzwerke treiben diese Entwicklung massiv an. Zum einen ist es in einer Welt des Internets im Prinzip egal, wann und wo jemand seiner Arbeit nachgeht. Und zum anderen sorgt die Digitalisierung für ein bisher ungekanntes Maß an Transparenz und Offenheit im Arbeitsmarkt.

Unter dem Druck des Digitalen gibt der Konsens zwischen Arbeitgeber und Arbeitnehmer langsam nach: Statt wie früher mit einer lebenslangen Arbeitsplatzgarantie Menschen physisch und mental an die Firma zu binden, muss sich der Arbeitgeber in Zukunft heftig anstrengen, um den Mitarbeiter wenigstens eine Zeitlang bei sich zu halten. Die vertikale Loyalität zwischen Arbeitgeber und Arbeitnehmer hat sich in den vergangenen Jahren de facto aufgelöst und ist ersetzt worden von dem, was Thomas Vollmoeller „horizontale Loyalität" nennt, also das Zusammengehörigkeitsgefühl zwischen Arbeitnehmern, die sich inzwischen zu Netzwerken zusammengeschlossen haben.

So diskutieren gerade junge Menschen in den Sozialen Medien, auf Facebook oder WhatsApp, sowie in den beruflichen Netzwerken wie eben Xing oder LinkedIn, stundenlang über ihre Arbeitgeber, geben sich gegenseitig Tipps oder rekrutieren Freunde als künftige Kollegen, ohne dass der Arbeitgeber an diesem Prozess beteiligt sein muss oder überhaupt etwas davon weiß. Statt in der Zeitung zu suchen, treffen sich Bewerber heute bevorzugt online in Jobbörsen wie Gigajobs oder Monster, wo sie eigene Profile erstellen und über die Stellenangebote von Firmen diskutieren.

Jobbörsen: Mitarbeiter per Mausklick

Unter den vielen Jobbörsen, die sich in Laufe der vergangenen zehn bei uns etabliert haben, gibt es große Unterschiede, je nach Zielgruppe oder Schwerpunkt.

Generische Jobbörsen decken alle Branchen und Berufszweige ab. Sie sind in der Regel auch überregional aufgestellt. Sie erlauben es dem Jobsuchenden, die Suchergebnisse für ihren eigenen

Bedarf zu selektieren und werden meist per Provision von dem Unternehmen bezahlt, das Mitarbeiter sucht.

Meta-Jobbörsen halten selbst keine Stellen- oder Suchanzeigen vor, sondern durchsuchen lediglich im Auftrag des Jobsuchenden andere, generische oder fachspezifische Jobbörsen entsprechend seinen Profilangaben, und stellen die Ergebnisse gelistet dar oder vermitteln den Kontakt.

Spezial-Jobbörsen sind auf eine bestimmte Branche (*agrarjobbörse.de*), Region (*fachkraefte-erzgebirge.de*) oder Zielgruppe (*ausbildungsoffensive-bayern.de*) fokussiert. Andere wie *compamnize.com* verstehen sich als Netzwerk für Arbeitnehmer, wo diese zum Beispiel ihr aktuelles Gehalt mit denen ihrer Kollegen vergleichen und Arbeitgeber bewerten können. Gute und/oder faire Arbeitgeber erscheinen in einer Liste von „Top-Firmen".

Micro-Jobbörsen sind eine relativ neue Erscheinung im Markt und auf Nebenberufe oder Kleinsttätigkeiten – sogenannte „gigs" – spezialisiert. Vor allem Freiberufler, Kreative und Menschen, die es vorziehen, keiner geregelten Arbeit nachzugehen, können hier Aufträge „kaufen": Beim äußerst erfolgreichen amerikanischen Micro-Jobportal *fivverr.com* kostet ein Gig, wie der Firmenname impliziert, pauschal gerade mal fünf Dollar. Dort kann man sich ein Werbe-Jingle komponieren, eine Headline texten, ein Gedicht schreiben oder ein Cartoon von einer Fotovorlage zeichnen lassen. Tausende von vorwiegend junge Menschen verdienen sich so das Studium oder bessern ihr Taschengeld (oder ihr Gehalt) auf diese Weise auf.

Der Arbeitgeber als Marke

Das Ergebnis ist ein Rollentausch zwischen Arbeitgeber und Arbeitnehmer: Statt sich zurücklehnen und zu warten, bis sich jemand auf eine Stellenzeige meldet, sind Unternehmen heute gefordert, sich möglichst gut in Szene zu setzen, damit sie bei den potenziellen Bewerbern überhaupt in die engere Wahl kommen. Diese Form der Selbstinszenierung per Internet oder

Social Web wird als „Employer Branding" bezeichnet. Ziel ist es, eine „Arbeitgebermarke" zu etablieren, genau wie man es mit der Produktmarke macht. Die Methoden und Mittel sind auch die gleichen wie im klassischen Marketing.

Das Problem ist nur: Die Arbeitgebermarke muss auch gelebt werden! Wer sich per Facebook oder Twitter ein rosarotes Bild als Arbeitgeber zurechtmalt, muss sich später auch daran messen lassen. Schließlich lesen auch die eigenen Mitarbeiter, was dort behauptet wird, und es steht ihnen jederzeit frei, ihre Sicht der Dinge in Form von oft bissigen Kommentaren, notfalls anonym, zu hinterlassen, um andere zu warnen: „Bewerbt Euch hier bloß nicht! Schlimm genug, dass ich schon hier arbeiten muss …".

Große Unternehmen in Deutschland haben in den letzten Jahren teilweise viel Geld in ihr Arbeitgebermarketing investiert, etwa die Lufthansa, die einen eigenen Webauftritt unter dem Namen „Be-Lufthansa" aufgesetzt hat, oder Continental, wo man Bewerber mit der provokanten Frage abholt: „Are you automotivated?"

Der Schokoriegel-Hersteller Mars fährt seit einiger Zeit eine aufwändige Online-Kampagne unter dem Motto: „Where freedom works". Potenzielle Bewerber mit Freiheitsdrang spricht Mars mit einem Bild der Weltkugel und der Behauptung an: „Freedom takes courage. We take the courageous". Der Mutmacher-Auftritt steht zwar im Mittelpunkt der Personalwerbung, wird aber auch bei klassischen Stellenausschreibungen, Image-Anzeigen, Bewerberbroschüren sowie Auftritten bei Job-Messen aufgegriffen und fortgeführt.

Die Markenwerbung des Arbeitgebers strahlt natürlich nach außen wie nach innen und geht in ihrer Wirkung weit über die eigentliche Anwerbung neuer Arbeitskräfte hinaus. So haben Studien in den USA und Großbritannien einen Zusammenhang zwischen erfolgreichen Kampagnen zum Aufbau von Arbeitgebermarken und einer erhöhten Identifikation der vorhandenen Mitarbeiter mit ihrem Unternehmen und Produkten, eine wachsende Leistungsbereitschaft und sogar eine Senkung des Krankenstandes und von Bürodiebstahl festgestellt. Neben dem Recruiting neuer Mitarbeiter ist die Arbeitgebermarke offenbar auch ein wirksames Mittel zur Mitarbeiterbindung („Retention") und zur Verbesserung der Unternehmenskultur. Vorausgesetzt natürlich, sie ist authentisch – sonst ist sie eigentlich nur peinlich!

Die neue Welt der Arbeit

Das Internet hat uns bekanntlich eine völlig neue Zeiteinheit beschert: Internet-Jahre, von denen zwischen sechs und neun angeblich einem Menschenjahr entsprechen. Womit sie eine gewisse Ähnlichkeit mit Hundejahren haben, die ja auch viel schneller ablaufen sollen als die des Menschen.

„Zeitalter der Beschleunigung" nennt der Amerikanische Seriengründer und Bestsellerautor Ray Kurzweil[29] dieses Phänomen. Er glaubt, dass wir sogar erst am Anfang dieser Entwicklung stehen. Dieser mit der Digitalisierung und der globalen Vernetzung einhergehende Tempowechsel produziert oder begünstigt wenigstens sogenannte „disruptive" Entwicklungen, also Technologien und Produkte, die etablierte Märkte und die sie beherrschenden Unternehmen buchstäblich aus den Angeln heben können. Und sie betrifft natürlich auch die Arbeitswelt – und diese sogar ganz besonders!

Die immense Beschleunigung aufgrund von Vernetzung und Digitalisierung hat auch Folgen für die Persönlichkeitsentwicklung des Menschen. Heute wächst eine Generation heran, der die Erfahrung des Warten Müssens weitgehend fehlt. Ob beim Computerspiel, der Online-Bestellung, der Kommunikation

---

[29] Homo Sapiens: Leben im 21. Jahrhundert – Was bleibt vom Menschen?, Ray Kurzweil (2000), Ullstein, ISBN 978-3548750262.

oder der Lustbefriedigung: Alles geschieht in Echtzeit. „Instant Gratification" nennen Psychologen dieses Phänomen

Die Menschen im Zeitalter der Digitalen Transformation erleben diese Beschleunigung unmittelbar und am eigenen Leib, inklusive der damit verbundenen Angst, nicht mehr mitzukommen und deshalb vollkommen erschöpft und überfordert zu sein. Der FAZ-Herausgeber Frank Schirrmacher klagte ja auch in seinem Buch *Payback*[30]: „Mein Kopf kommt nicht mehr mit".

Fakt ist: Der vernetzte Arbeiter hat niemals „Feierabend", er kommuniziert fortgesetzt mit Freunden und Arbeitskollegen, mit Kunden oder Vorgesetzten, ohne einen festgesetzte Zeitrahmen, der die berufliche strikt von der privaten Kommunikation trennen würde. Als echter „Homo digitalis" schreibt er rund um die Uhr Mails und erwartet ohne Rücksicht auf Zeitzone oder Arbeitszeiten eine Antwort – und das möglichst „subito" oder „asap".

Der wachsende Kommunikationsstress löst natürlich eine Gegenbewegung aus, die sich in recht kuriosen Lösungsvorschlägen niederschlagen kann. 2011 entschied der Volkswagenkonzern, 30 Minuten nach Arbeitsschluss den firmeninternen Blackberry-Server abzuschalten. Eine diesbezügliche mit den Arbeitnehmervertretern ausgehandelte Betriebsvereinbarung betraf rund 1.200 Tarifmitarbeiter. Angeblich seien einige Chefs in Wolfsburg der Ansicht gewesen, dass ihre Mitarbeiter rund um die Uhr per Mail erreichbar zu sein hätten. Damit ist inzwischen Schluss. Die Telefonfunktion des Blackberry ist allerdings vom vereinbarten Kommunikationsverbot nicht betroffen. Es bleibt dem Chef also unbenommen, abends beim Mitarbeiter durchzuklingeln und ihm Dampf zu machen. Doch dagegen gab es ja beim Mobiltelefon schon immer ein bewährtes Mittel: den Ausschaltknopf!

---

[30] Payback: Warum wir im Informationszeitalter gezwungen sind zu tun, was wir nicht tun wollen, und wie wir die Kontrolle über unser Denken zurückgewinnen, Frank Schirrmacher (2009), Carl Blessing Verlag, ISBN 978-3896673367.

Arbeitsplatz ohne Grenzen

Die weltweite Vernetzung hat außerdem zwei Faktoren weitgehend außer Kraft gesetzt, die bislang den Wirkungskreis des Einzelnen stets eingeschränkt hat: Standort und Entfernung. Im Zeitalter der digitalen Vernetzung ist es in der Regel ganz egal, wo wir arbeiten, denn wir sind (fast) überall auf der Welt gleichermaßen gut erreichbar. Und in einer Wirtschaft, die von der Wissensarbeit dominiert wird, also weitgehend auf dem Transfer von Information beruht, ist es egal, wie weit wir voneinander entfernt sind. Denn bis auf winzige, kaum messbare Latenzzeiten bei der Übertragung macht es keinen Unterschied, ob die Beteiligten in benachbarten Büros oder am anderen Enden der Welt sitzen.

Wohin der Weg gehen kann, hat Prof. Wilhelm Bauer, Leiter des Fraunhofer-Instituts für Arbeitsorganisation in Stuttgart, in einem Gespräch mit dem Autor beschrieben und dafür den Begriff „Arbeit 2.0" geprägt, womit er an eine Arbeit des amerikanischen Soziologen Bill Jensen[31] aus dem Jahr 2004 anknüpft.

Dieser Weg wird seiner Meinung nach auf der Industrialisierung der Wissensarbeit beruhen, die damit ähnliche Effizienzvorteile erleben wird wie einst die Serienproduktion in der Automobilindustrie. Sie wird auf einem vernetzten Wertschöpfungsprozess basieren (man könnte auch von einem neuartigen „Wertschöpfungs-Netzwerk" sprechen), in dem komplexe Aufgaben in einfache Module zerlegt und über das Netzwerk an Personen vergeben werden, die erstens die dafür notwendige Kompetenz besitzen und zweitens gerade Zeit haben. So werden einzelne Mitarbeiter, Arbeitsgruppen und sogar ganze Organisationen projekt- oder aufgabenbezogen zu Teams zusammengeführt und bilden damit eine Art virtuelle Organisation auf Zeit. Unternehmen werden für bestimmte Aufgaben bestimmte Team-Module schnell zusammenstellen können,

---

[31] Radikal vereinfachen: Den Arbeitsalltag besser organisieren und sofort mehr erreichen, Bill Jensen (2004), Campus, ISBN 978-3593375571.

sozusagen eine Cloud-Belegschaft. Und sie werden, auch das eine Anleihe beim Cloud-Computing, nur für das bezahlen, was an Funktion und Leistung abgefragt wurde.

In einer solchen Arbeitswelt ist die herkömmliche Festanstellung womöglich langfristig ein Auslaufmodell. Das mag für diejenigen schockierend sein, die ein regelmäßiges Einkommen und einen Stammplatz am Schreibtisch gewohnt sind. Aber dieses Bild eines garantierten Arbeitsplatzes ist schon in den letzten Jahren arg ins Wanken geraten. Immer mehr Unternehmen – auch in Deutschland – gehen zum Prinzip „non-territorialer" Organisationsformen über, in denen sich der einzelne Mitarbeiter morgens einen freien Schreibtisch sucht und ihn abends sauber wieder verlassen muss.

Büroarchitekten planen deshalb zunehmend nach der Formel 70:30; 70 Prozent der Mitarbeiter befinden sich normalerweise an ihrem Arbeitsplatz im Unternehmen, und für sie gibt es auch ein Schreibtisch. 30 Prozent sind ohnehin woanders. Um zu verhindern, dass zu viele Mitarbeiter auf einmal ins Büro kommen, verordnen Arbeitgeber immer häufiger „Homeoffice-Pflichttage", an denen die Anwesenheit der Mitarbeiter im Unternehmen ausdrücklich unerwünscht ist.

Getrieben wird diese Entwicklung von der unerbittlichen Logik der Rechenmaschine: Ein gutes Drittel aller Mitarbeiter eines großen Unternehmens sind zu jedem beliebigen Zeitpunkt, wie Arbeitsforscher festgestellt haben, entweder krank, im Urlaub oder unterwegs beim Kunden. Oder sie ziehen es vor, vom Homeoffice oder dem nächsten Starbucks-Café aus zu arbeiten – weil sie es können. Und weil sie zunehmend Gefallen an der freien Wahl ihrer Arbeitsplätze finden.

Der Preis der Flexibilität

Diese neuen Organisationsformen kommen dem Menschen insofern entgegen, als sie ihm ermöglichen, seine Arbeitsumgebung und sein Arbeitstempo individuell zu gestalten. Diese Flexibilität hat natürlich ihren Preis. So fürchten viele, Opfer von sozialer Vereinsamung zu werden, weil für sie das Büro ein kuscheliger Ort der Begegnung und des Austauschs ist, von dem sie als Home Worker abgeschnitten wären.

Zwar beruhen diese Ängste häufig auf falscher Information und fehlender Erfahrung. Trotzdem werden viele Arbeitnehmer überfordert sein von der neuen Selbstverantwortung, von der Notwendigkeit, sich und die eigene Arbeitszeit vernünftig zu organisieren und selbstbestimmt an die Lösung von Aufgaben gehen zu müssen. Und wie alles Neue wird eben auch diese neue Arbeitswelt von vielen zunächst als fremd und bedrohlich empfunden.

Man muss diese Ängste ernst nehmen, sollte sie aber nicht überbewerten. Es wird Aufgabe eines aufmerksamen Arbeitgebers sein, Hilfe zur Selbsthilfe zu geben, etwa durch das Angebot von Schulungen bei Fragen zur Arbeitsorganisation oder Selbstdisziplin. Es gibt aber keinen Grund zu glauben, dass es bei dieser Entwicklung nicht auch Verlierer geben wird. Ein Grund, das Rad zurück zu drehen, ist das aber nicht.

Im Übrigen wird es auch in einer vernetzten Arbeitswelt noch genügend Anlässe geben, sich im Büro zu treffen. Kreativsitzungen funktionieren einfach besser, wenn man persönlich austauscht. Es gibt Erfolge zu feiern und Feste, ob Geburtstage oder Jubiläen. Nur arbeiten, das kann man auch woanders.

Leider hat sich diese Erkenntnis aber noch nicht richtig bis in die Chefetagen deutscher Unternehmen herumgesprochen. Das Internet verändert vielleicht alles – nur nicht die deutsche Bürolandschaft, ist man versucht zu sagen nach der Lektüre einer Umfrage zur „Digitalisierung der Arbeitswelt", die der

IT-Branchenverband BITKOM im Frühjahr 2015 der Öffentlichkeit vorgestellt hat.

75 Prozent der Firmen in Deutschland verlangen demnach von ihren Mitarbeitern immer noch Präsenz am Arbeitsplatz: Sie haben gefälligst während der Kernzeit am Platz zu sein! Immerhin 17 Prozent erlauben einem Drittel bis zur der Hälfte ihrer Mitarbeiter, zwischendurch auch einmal woanders zu arbeiten. 73 Prozent sind überzeugt, dass der klassische Ganztagesarbeitsplatz auch in Zukunft das Modell der Wahl bleiben wird. Nur ein Drittel glaubt, dass das Homeoffice künftig an Bedeutung gewinnen wird. Bei 64 Prozent ist so etwas schlicht „nicht vorgesehen."

Die angegebenen Gründe sprechen Bände über die digitale Geistesreife vieler deutscher Arbeitgeber. 33 Prozent sind überzeugt, dass die Arbeitsproduktivität ohne Aufsicht sowie den direkten Austausch mit Kollegen am Arbeitsplatz sinkt. 27 Prozent stören sich daran, dass ein Mitarbeiter im Homeoffice nicht jederzeit ansprechbar ist. Wo kommen wir da auch hin, wenn Kollege Müller nicht sofort auf der Matte steht, wenn der Chef ruft? Bezeichnend auch diese Antwort: 17 Prozent machen sich Sorgen darüber, dass der Mitarbeiter im Homeoffice „nicht zu kontrollieren" ist. Der Mitarbeiter als Marionette: So sieht deutscher Büroalltag in den meisten Firmen leider immer noch aus.

Flexible Beschäftigungsverhältnisse sind für die meisten deutschen Unternehmen auch kein Thema. Nur 31 Prozent glauben, dass der Anteil freier Mitarbeiter in Zukunft wachsen wird. Externe Spezialisten sind ebenfalls unerwünscht. Für 76 Prozent der Befragten sind sie für den wirtschaftlichen Erfolg des Unternehmens unbedeutend. Nur 29 Prozent glauben, das Externe in Zukunft für die Innovationskraft des Unternehmens wichtig sein werden.

Auch neue Technologien werden äußerst misstrauisch beäugt. Für 56 Prozent der Befragten sind Präsenztreffen nach wie vor die Norm, Tendenz sogar leicht steigend. Weniger als die Hälfte

(44 Prozent) nutzen wenigstens die Telefonkonferenz, während Videokonferenzen oder Skype mit acht Prozent ein Kümmerdasein fristen. Dafür gibt es offenbar immer noch genügend Führungskräfte, die an ein zweites Leben im Internet glauben. Jedenfalls sind 26 Prozent überzeugt, dass „3D-Videokonferenzen" (was sie auch immer darunter verstehen mögen) in Zukunft an Bedeutung gewinnen werden. Der „Avatarfriedhof" Second Life lässt grüßen.

Kein Wunder, dass beim Thema Digitalisierung der Arbeitswelt insgesamt Pessimismus vorherrscht. Schließlich sind wir in Deutschland, der Heimat der Technophobie und der Traditionalisten. 58 Prozent der befragten Arbeitgeber sind überzeugt, dass sich die Arbeitsplatzsicherheit dank Digitalisierung und Vernetzung verringern wird. Ein Drittel glaubt, dass die Arbeitszufriedenheit abnimmt. Nachvollziehbar, wenn man sich dauernd an was Neues gewöhnen muss, oder? Immerhin glaubt eine Mehrheit von 65 Prozent, dass das Wirtschaftswachstum und das Innovationstempo (70 Prozent) zunehmen werden. Aber was hab' ich selbst davon?

Arbeitgeber, aber auch viele Arbeitnehmer erweisen sich hierzulande leider noch als beratungsresistent, wenn es um die Neugestaltung der Arbeitsorganisation geht. Der frühere BITKOM-Präsident Prof. Dieter Kempf war deshalb auch spürbar ernüchtert, als er die Ergebnisse der oben erwähnten Umfrage zur Digitalisierung der Arbeitswelt in einer Online-Pressekonferenz präsentierte. Wobei ihn dabei offenbar die Tatsache besonders irritierte, dass nur acht Prozent der befragten Unternehmen auf Videokonferenzen als Ersatz von Präsenztreffen setzen. Er war sich auch durchaus der feinen Ironie bewusst, dass ihm die zugeschalteten Journalisten nur per Telefon lauschen konnten. Immerhin liefen seine Charts parallel im Internet. „Irgendwann sind wir auch soweit", seufzte er zwischendurch.

Ein bisschen konnte einem Dieter Kempf ja leidtun, der am Ende dieser verheerenden Bilanz schließlich irgendeine positive Botschaft im Vorfeld der CeBIT verkünden sollte. „Digitalisierung schafft Arbeit – nicht in jedem Segment, aber unter dem

Strich in jedem Fall", meinte er etwas bemüht. Aber am Ende konnte auch er nicht anders, als mahnend den Zeigefinger in die Höhe zu strecken und den Deutschen, Arbeitgebern wie Arbeitnehmern, die Leviten zu lesen: Wenn sich nicht irgendwas in den Köpfen bewegt, dann „bleiben wir bei der analogen Gesellschaft stehen und können nur staunend zuschauen, wie sich in anderen Ländern Unternehmen rasant verändern, ihre Arbeit neu organisieren und innovative Geschäftsmodelle entwickeln."

Personaler werden digitaler

Nirgends schlagen diese neuen Entwicklungen stärker ins Gewicht als in den Personalabteilungen. Waren Personaler einst nichts anderes als Verwaltungsbeamte, die den Ein- und Ausgang von Mitarbeitern wie Kohlesäcke oder Kohlköpfe registrierten und gelegentlich auf Anforderung einer Fachabteilung eine Stellensuchanzeige in der örtlichen Tageszeitung schalteten, rückt das Personalwesen heute in den Mittelpunkt unternehmerischen Handelns. Um die oben beschriebenen Auswirkungen des demografischen Wandels und der neuen Macht der Bewerber zu begegnen, sind heute vernetztes Denken und Handeln ein zentrales Merkmal erfolgreicher Personalarbeit geworden.

So wie sich Kundenbeziehungen und Vertrieb durch das Internet verändert haben, wird sich der Personalbereich im digital transformierten Unternehmen an die neuen Gegebenheiten anpassen müssen, um den Gesamterfolg nicht zu gefährden. Die Möglichkeiten des Customer Relationship Management (CRM) sind zum Teil direkt übertragbar auf den Personalbereich. Viele Unternehmen schalten schon keine Anzeigen mehr, sondern sammeln Informationen über Mitarbeiter und potenzielle Bewerber, indem sie deren Websites besuchen oder auf Facebook recherchieren. Wenn dann eine Stelle zu besetzen ist, schauen die Personalverantwortlichen zunächst in ihrem Pool nach, ob etwas Passendes dabei ist. Recherche statt Ausschreibung: Das Ergebnis ist passgenauer, und man spart Kosten!

Um Zeit für die Fülle von neuen Aufgaben zu gewinnen, müssen Personalabteilungen technisch aufrüsten. Ein Trend geht in Richtung vernetzter Computersysteme, die jeden neuen Mitarbeiter in kürzester Zeit mit allem versorgen, was er zum Arbeiten benötigt: digitale Arbeitsmittel wie E-Mail-Konto, Benutzername und Passwort für alle wichtigen IT-Anwendungen, Softwarelizenzen für die Bürosoftware, aber auch „analoge" Arbeitsmittel wie die Parkkarte, Büroschlüssel, Dienstwagen, etc.

Das spart Zeit und Geld. Bis zu fünf Tage dauert es einer Untersuchung von McKinsey zufolge, bis ein neuer Mitarbeiter in einem größeren Unternehmen produktiv werden kann. Davor ist er mit sich selbst und dem Beschaffen der notwendigen Arbeitsmittel und Genehmigungen beschäftigt. Intelligente Provisioning-Systeme erledigen das per Mausklick in Stunden oder sogar Minuten.

Fast noch interessanter für das Unternehmen: Der Vorgang funktioniert auch andersherum. Ein Mitarbeiter, der ausscheidet oder von einer Abteilung in eine andere versetzt wird, führt heute viel zu oft ein gespenstisches Weiterleben, und kann nach wie vor auf vertrauliche Daten und unternehmenskritische Systeme zugreifen. In vielen Unternehmen berichten Personaler und ITler vom sogenannten „Praktikanten-Syndrom": Studenten oder Lehrlinge werden nacheinander durch die einzelnen Abteilungen eines Unternehmens geschleust und bekommen als erstes immer Zugang zu den Systemen. Klar: Sonst kann er ja auch nicht sinnvoll arbeiten. Da aber nur in den seltensten Fällen jemand daran denkt, die Konten wieder sperren zu lassen, wenn der hoffnungsvolle Jobneuling weitergezogen ist, hat dieser nach Abschluss seiner „Ehrenrunde" oft mehr Zugangsberechtigungen gesammelt als der Chef der Firma.

Es gibt Experten die behaupten, dass dieses „De-Provisioning", also die elektronische Abmeldung ausscheidender Mitarbeiter, wichtiger sein kann als das eigentliche Provisioning. Und in der Tat ist die Vorstellung reizvoll, man könne per Mausklick alle „Karteileichen" aus dem Unternehmen entfernen: längst ausgeschiedene Mitarbeiter, die in den Systemen und Verzeichnissen der Unternehmens-IT unverdrossen weiterleben und mitgeschleppt werden müssen. Das belastet die Systeme selbst und macht sie vor allem unsicher. Der Buchhalter, der im Zorn gegangen oder gefeuert worden ist, hat unter Umständen nach wie vor Zugang zu den Kernsystemen und kann dort aus Rache allerlei Schaden anrichten. De-Provisioning sorgt dafür, dass Mitarbeiter, die das Unternehmen verlassen, sozusagen an der Pforte sämtliche digitale Arbeitsmittel, also auch ihre Zugangsberechtigungen, abgeben müssen.

Vor allem aber macht sich das De-Provisioning von ganz alleine bezahlt. Software wird heute in aller Regel im Lizenzmodell vertrieben. Das heißt, dass der Arbeitgeber für jeden Mitarbeiter eine eigene Software-Lizenz erwerben muss. Bei großen ERP-Systemen wie SAP oder Datenbanken wie Oracle wird die Zahl der Benutzer ein- oder mehrmals im Jahr angepasst; die Lizenzgebühren können sich auch in mittelständischen Betrieben zu fünf- oder sechsstelligen Beträgen summieren.

Durch den Vorgang des De-Provisioning wird sofort offensichtlich, welche Software-Lizenzen im Unternehmen ungenutzt sind, also folglich auch zurückgegeben werden können. Die Einsparung, die sich daraus ergibt, ist mit etwas Glück höher als die Kosten für die Einführung einer Provisioning-Lösung. Der ROI (Return On Investment) kann also schon am ersten Tag erreicht werden. Solche „Instant Success Stories" kann eine Personalabteilung nicht oft erzählen.

Entlassung per Mausklick
ist schlechter Stil

„Entlassungen per Mausklick!", lautete vor ein paar Jahren eine Headline in *BILD*. De-Provisioning mache es möglich, die mit der Freistellung von Mitarbeitern verbundenen Verwaltungsabläufe weitgehend zu automatisieren. In Zeiten von Wirtschaftskrisen mag das für den einen oder anderen Softwareanbieter ein naheliegendes Verkaufsargument sein – naheliegender jedenfalls als die Tatsache, dass man mit solchen Systemen neue Mitarbeiter schneller produktiv machen kann.

Ich hatte einmal die Aufgabe, in einem mehrtägigen Medientraining den deutschen Geschäftsführer eines führenden Provisioning-Anbieters auf ein anstehendes Fernsehinterview vorzubereiten, und wir kamen auch auf den Artikel in *BILD* zu sprechen. Der Manager wollte wissen, was er sagen solle, wenn der Reporter ihn frage, ob die Schlagzeile stimme.

Wir haben uns am Ende auf folgende Formulierung geeinigt: „Natürlich können Sie mit unserer Software Menschen per Mausklick entlassen. Die viel wichtigere Frage ist aber doch, ob sie es auch tun sollten. Das ist vielleicht mehr eine Frage des Stils. Ich jedenfalls möchte einem Mitarbeiter in die Augen schauen, wenn ich ihn entlassen muss …"

Nicht, dass sich diese Erkenntnis überall schon breit gemacht hätte. Noch gibt es vor allem ältere Personaler, an denen die Zeit spurlos vorüberzugehen scheint. Aber es wächst langsam eine neue Generation von Personalverantwortlichen nach, die selbst entweder Produkte des Digitalzeitalters sind oder zumindest verstanden haben, was die Stunde geschlagen hat.

Ein paar Hundert von ihnen haben sich im Herbst 2014 in Berlin auf Einladung der Deutschen Gesellschaft für Personalentwicklung (DGFP) getroffen, um unter dem Schlagwort „Participate!" neue Formen des Mitredens, Mitdenkens und Mitgestaltens im Unternehmen von morgen zu diskutieren. Sie haben am Ende eine lange Liste von Ideen, Forderungen und Anregungen erstellt, die sie als „Berliner Thesen" in die Diskussion unter Personalern eingebracht haben. Eine Kostprobe:

- „Mut haben: Der Mitarbeiter von morgen vertraut in den offenen Prozess. Er probiert Dinge aus, bricht Regeln, macht Fehler und lernt daraus. Er denkt in Chancen.

- Eine Kernkompetenz im Jahr 2025 wird Rollenflexibilität sein (Führungskraft, Mentor, Coach, Experte, Berater, Kollege).

- Das Erfolgskonzept des Mitarbeiters von morgen ist das Denken im ‚Wir'. Er fordert aktiv andere Meinungen ein, nutzt sie und tritt anderen wertschätzend gegenüber. Er erwartet, dass andere das gleiche Grundverständnis haben.

- Das Unternehmen muss volles Vertrauen in die Fähigkeiten, Kompetenzen und Loyalität der Mitarbeiter haben. Gleichzeitig muss der einzelne Mitarbeiter dem Vertrauen/der Verantwortung durch sein tägliches Denken und Handeln gerecht werden.

- Partizipative Steuerung braucht Spielregeln, die für alle gültig sind. Auch diese Spielregeln müssen partizipativ erarbeitet werden."

Mut zu neuen Ideen wäre also vorhanden. Bleibt nur die Frage: Wie setzt man sie um? Das Tagesgeschäft des Personalers unterscheidet sich heute schon grundlegend von früher. Digitale Werkzeuge und vernetzte Systeme haben das Berufsbild und die Arbeitsabläufe im Personalwesen radikal verändert.

Personalverantwortliche verbringen häufig die meiste Zeit in Jobbörsen oder auf Social Media-Plattformen wie Facebook, Twitter oder Xing – weil sie dort mit den Talenten zusammentreffen, die sie als Jobkandidaten gewinnen wollen. Das setzt oft wochen- oder monatelange Beziehungspflege voraus sowie die Fähigkeit, sympathisch zu wirken und überzeugend zu argumentieren.

„Wer nach Fachkräften sucht, muss dies mit neuen Strategien und auch über neue Kanäle tun", meint Prof. Gudrun Gaedke von der Fachhochschule der Wirtschaftskammer Wien. Gerade für kleine und mittlere Unternehmen werde es wichtig sein, administrative Dienstleistungen wie Lohnverrechnung, Entlohnung und Personalverwaltung, verstärkt an externe Dienstleister abzugeben.

Statt zu verwalten müssen Personaler also in Zukunft immer mehr zu Jägern und Sammlern mutieren, die aktiv auf die Suche nach dem Idealkandidaten gehen, ihn von den Vorzügen der Firma als seinen zukünftigen Arbeitgeber überzeugen und dafür sorgen, dass Arbeitsumgebung und Arbeitsorganisation auf seine persönlichen Vorlieben und Bedürfnisse zugeschnitten sind. Elternzeit für Ehemänner muss ebenso selbstverständlich sein wie geplante Auszeiten („Sabbaticals") oder feste „Homeoffice Days".

Flexibilität zahlt sich nämlich aus – auch für den Arbeitgeber. Eine gemeinsame Studie[32] von Dell und Intel im Frühjahr 2015 ergab, dass Mitarbeiter ihre höchste Produktivität erreichen, wenn man ihnen erlaubt, selbst zu bestimmen, wann und vor allem wo sie arbeiten wollen. „Arbeitgeber müssen lernen, ihre Mitarbeiter als Individuen zu verstehen und sie in die Lage versetzen, ihrer Arbeit in der von ihnen bevorzugten Umgebung nachzugehen", schreiben die Autoren der Studie. Umgekehrt erwarten Mitarbeiter zunehmend von ihren Arbeitgebern die Flexibilität, auch private Tätigkeiten, wie Online-Shopping oder die Pflege von Facebook-Freundschaften, während der Arbeitszeit nachgehen zu dürfen.

Robin Raskin, Gründer und CEO der Event-Agentur Living in Digital Times, beschrieb diesen Kulturwandel so: „Ich denke, Arbeitsleben und Privatleben fließen immer mehr ineinander über. Das Ergebnis heißt Leben, Punkt! Deshalb erleben wir

---

[32] Global Evolving-Workforce Study (2014), Dell und Intel zusammen mit der Marktforschungsgesellschaft TNS.

immer mehr, dass die Menschen fleißig dabei sind, ihr Arbeitsleben mithilfe von digitaler Technik neu zu definieren."

Dazu gehört auch eine zeitgemäße technische Grundausrüstung. Und auch hier ist das Personalwesen gefordert. Ein Viertel aller Bewerber, so die erwähnte Dell/Intel-Studie, würde die Wahl eines neuen Arbeitgebers von der technischen Ausstattung abhängig machen.

Da sieht es aber leider in den meisten deutschen Büros düster aus. 60 Prozent der deutschen Arbeitgeber stellen ihren Mitarbeitern lediglich klobige Desktop-PCs zur Verfügung. Zuhause besitzen aber mindestens 35 Prozent von ihnen schon einen schicken, modernen Laptop, acht Prozent verfügen schon über einen schlanken Tablet oder ein iPad. Den bieten bislang nur drei Prozent der Betriebe ihren Mitarbeitern an.

Die Folge: Viele bringen ihre privaten Arbeitsgeräte mit an den Arbeitsplatz – sehr zum Leidwesen der IT-Abteilung, die mit einem Wildwuchs von unkontrollierbaren, oft nicht ausreichend geschützten Computern und Smartphones konfrontiert ist. In der Fachsprache hat sich dafür der Begriff „BYOD" („Bring Your Own Device") eingebürgert, und IT-Sicherheitsprofis fürchten ihn wie die Pest. Wie stark BYOD bereits verbreitet ist, zeigt ebenfalls die BITKOM-Studie „Digitalisierung der Arbeitswelt": 71 Prozent der Erwerbstätigen benutzen ihre eigenen Geräte für die tägliche Arbeit in der Firma.

Aufwerten statt anheuern

Eine mögliche Strategie angesichts von demografischem Wandel und versiegende Talentquellen wird es sein, die nötigen höherqualifizierten Mitarbeiter aus den eigenen Reihen zu rekrutieren. Mitarbeiterqualifikation wird deshalb in den kommenden Jahren immer mehr in den Fokus deutscher Unternehmen rücken – rücken müssen!

„Nur starke Arme zu haben, reicht nicht mehr für die Vermittlung eines Lagerarbeiters – er muss auch mit der Lagersoftware umgehen können“, sagt Dr. Johannes Kopf, Vorstand des Arbeitsmarktservice (AMS) Österreich. Hilfsarbeitertätigkeiten verlagern sich, so seine Beobachtung, immer mehr vom produzierenden Gewerbe auf den Dienstleistungssektor, wo erhöhte Anforderungen an die sprachliche und soziale Kompetenz gestellt werden. Von Reinigungskräften in einem Hotel werden heute – anders als früher – gute deutsche Sprachkenntnisse erwartet. Deshalb, so Kopf, bräuchten Geringqualifizierte besonders dringend Zugang zu Weiterbildungsmöglichkeiten.

Auch hier kann die Digitalisierung helfen. Leistungsfähige mobile Endgeräte und die zur Verfügung stehenden Bandbreiten bei der Datenübertragung haben in den letzten Jahren das Thema E-Learning auch im Unternehmen zunehmend interessant gemacht. In IT- und Telekommunikationsunternehmen sei das elektronische Lernen heute ein fester Bestandteil der beruflichen Weiterbildung, so der IT-Branchenverband BITKOM: 63 Prozent seiner Mitglieder setzen entsprechende Systeme schon ein. Personalabteilungen nutzen soziale Lernformate, wie Foren, Online-Communities, Blogs oder Wikis, um Lerninhalte digital an die eigene Belegschaft zu vermitteln. Lernen per Podcast sowie Lern-Apps für Tablets oder Smartphones gehört ebenfalls zum neuen Arsenal der Qualifizierungsmaßnahmen.

Investitionen in Mitarbeiterentwicklung hilft nicht nur dem Arbeitgeber, wichtige Stellen im Unternehmen zu besetzen, wenn die externen Bewerber ausbleiben: Sie sind auch ein wichtiger Motivationsfaktor für die vorhandene Belegschaft. Christian Reincke, Leiter Personalentwicklung der STI Gustav Stabernack GmbH in Lauterbach, ist überzeugt: „Für Mitarbeiter verbirgt sich hinter Begriffen wie ‚Weiterbildung‘ und ‚betriebliches Lernen‘ neben dem Aspekt, gesehen und wahrgenommen zu werden, auch die Beantwortung einer oftmals unterschätzten Frage: Was wird die Zukunft bringen?“

Im Zeitalter von Digitaler Transformation, von wachsender Automatisierung und vernetztem Arbeiten ist das vielleicht die spannendste Frage überhaupt.

Zehn Fragen, die Sie sich in diesem Moment stellen sollten:

1. Werden wir in der Lage sein, die zu erwartenden Abgänge von Babyboomern in den nächsten Jahren durch externe Bewerber zu ersetzen, oder werden wichtige Stellen möglicherweise unbesetzt bleiben müssen? Was würde das für unser Geschäft, für die Produktion oder die Produktentwicklung bedeuten?
2. Müssen – und können – wir vielleicht durch weitere Automatisierung das zu erwartende Mitarbeiterloch füllen?
3. Bieten wir unseren Mitarbeitern heute schon weitgehende Flexibilität bei der Gestaltung ihrer Arbeitszeit und Arbeitsorganisation?
4. Ist Homeoffice bei uns schon ein Thema?
5. Hat bei uns jeder Mitarbeiter einen festen Schreibtisch, oder arbeiten wir schon „non-territorial"?
6. Kennt die Personalabteilung alle für unser Unternehmen relevanten Jobbörsen und ist sie dort auch schon präsent?
7. Sind wir als Arbeitgeber eine Marke?
8. Kann die Personalabteilung analoge und digitale Arbeitsmittel automatisiert vergeben und auch wieder zurücknehmen?
9. Wie gut sind unsere Mitarbeiter mit modernen technischen Arbeitsgeräten, wie Laptops oder Tablets, ausgestattet?
10. Wie viel investieren wir in die Personalentwicklung, und zahlt sich das für uns aus?

Nachwort:
Quo vadis digitales
Deutschland?

„Wir sind nicht Google, aber wir treffen scheinbar einen Nerv."
Alexander Ruppel, Robert Bosch GmbH

„Digitalisierung ist nicht wie Schnupfen – es geht nicht wieder weg" pflegte mein viel zu früh verstorbener Freund Ossi Urchs zu sagen, wenn er von Kulturpessimisten oder Technikzweiflern als übertrieben optimistisch angegriffen wurde. Tatsächlich hat man manchmal den Eindruck, dem einen oder anderen Manager oder Unternehmer wäre es recht, wenn das Internet, wenn Facebook, Google, Apple & Co. alle wieder in der Versenkung verschwinden und sie zum „business as usual" zurückkehren könnten.

Digitale Transformation ist keine Option, die man wählen oder einfach ignorieren kann. Für die meisten Unternehmen nicht nur in diesem Land wird es in den nächsten Jahren ums nackte Überleben gehen. Für die Menschen, die in diesen Unternehmen arbeiten, geht es um ihre berufliche und private Existenz, um ein Leben in Wohlstand oder darum zuzusehen, wie andere Wirtschaftsstandorte spielend an uns vorüberziehen.

Als ich anfing, dieses Buch zu schreiben, war ich ausgesprochen optimistisch. Deutschland schien mir auf einem guten Weg. Ich kenne viele Gründer und Manager großer Unternehmen, die verstanden haben, wohin die Reise geht und was von ihnen erwartet wird. Während der letzten Monate bin ich jedoch mehr und mehr in tiefe Sorge verfallen, denn ich habe wohl, wie viele andere auch, das Beharrungsvermögen und die Beratungsresistenz vieler Entscheidungsträger in den Unternehmen dieses Landes unterschätzt.

Das soll nicht ablenken von den vielen kleinen Unternehmen, die still im Verborgenen wirken und durchaus achtbare Erfolge beim Versuch zeigen, die Digitale Transformation in die Unternehmenswirklichkeit umzusetzen. Aber die deutsche Wirtschaft wird nun einmal von Unternehmen getragen und angetrieben, die sich zwar als zum „Mittelstand" gehörig definieren, in Wirklichkeit aber schon eine Größe erreicht haben, in der Innovationdynamik oft an gewachsenen Strukturen abprallt, und das Neue als fremd und deshalb zunächst einmal als Bedrohung empfunden wird.

Zum Glück gibt es darunter Ausnahmen. Die Robert Bosch GmbH gehört dazu. 1886 von einem schwäbischen Tüftler als „Werkstätte für Feinmechanik und Elektrotechnik" mit einem Gesellen und einem Lehrling gegründet, beschäftigt der Mischkonzern heute 290.000 Mitarbeiter und macht einen Jahresumsatz von 48,9 Milliarden Euro. Im Gegensatz zu fast allen anderen deutschen Großkonzernen ist Bosch keine Aktiengesellschaft, taucht also auch nicht im DAX auf, sondern gehört zu einem kleinen Teil der Gründerfamilie (acht Prozent) sowie zu 92 Prozent der gemeinnützigen Robert Bosch Stiftung. Das Selbstverständnis des Unternehmens und seiner Mitarbeiter ist immer noch das eines Mittelständlers, obwohl Bosch natürlich längst zu den ganz großen internationalen Multis Deutschlands gehört.

Bosch ist ein Tanker, und den kann man nicht so leicht vom Kurs abbringen – auch dann nicht, wenn vor ihm plötzlich Untiefen oder Eisberge auftauchen. In einem solchen Fall wünschte man sich wahrscheinlich lieber, in einem kleinen, wendigen Beiboot zu sitzen.

Noch etwas zeichnet die Robert Bosch GmbH im Gegensatz zu ihren börsennotierten Unternehmensnachbarn aus: Die Unternehmensleitung ist nicht ständig auf das nächste Quartalsergebnis und auf den Aktienkurs fixiert. Sie können es sich leisten, in Ruhe über die Zukunft nachzudenken und auch Geld in die Hand zu nehmen, um etwas auszuprobieren, ohne nach einem schnellen ROI fragen zu müssen.

Bei Bosch laufen heute mehr als 50 Projekte, in denen mit neuen Technologien und Methoden zur Verschmelzung von Internet und industrieller Fertigung experimentiert wird – Stichwort „Industrie 4.0". Aber das ist den Konzernlenkern noch nicht genug. Schließlich wird ja dabei nur versucht, bestehende Geschäftsmodelle zu verbessern. Aber was ist, wenn sich diese Modelle langfristig als nicht zukunftssicher erweisen?

Wie die meisten Großunternehmen leistet sich Bosch seit 2007 eine Finanztochter, die Robert Bosch Venture Capital GmbH (RBVC), die vorwiegend in bestehende Fremdfirmen und Firmenneugründungen aus den Bereichen Automatisierung, Energie und Gesundheitswesen investiert, also in den Kernbereichen, in denen Bosch und seine vielen Töchter bereits tätig sind.

Im Sommer 2014 hat Bosch aber zusätzlich einen eigenen Start-up-Inkubator gegründet, die „Bosch Startup Platform (BOSP), wo ein völlig anderer Weg eingeschlagen wird: Der Fokus liegt auf der eigenen Belegschaft. Bevor ein Mitarbeiter mit einer guten Idee den Job kündigt und das Unternehmen verlässt, um sich als Gründer selbstständig zu machen, will Bosch ihm lieber dabei helfen – denn damit bleiben Talente und Ideen für das eigene Unternehmen erhalten.

Der angehende Jungunternehmer bekommt fachmännische Hilfe bei der Unternehmensgründung und eine Kapitalspritze, die ihm erst einmal auf die Beine hilft. Ihm wird außerdem ein Mentor zur Seite gestellt, meistens ein Mitglied des „Steuerkreises", der aus erfahrenen Technikern, Kaufleuten und Mitgliedern der Geschäftsleitung besteht. Bosch bekommt im Gegenzug Anteile und behält langfristig die Option, die Innovation zu nutzen oder das Unternehmen später einmal komplett zu übernehmen.

„Wir sind nicht Google", gibt Alexander Ruppel von BOSP zu, „aber wir treffen scheinbar einen Nerv". Die Anzahl kreativer Ideengeber im eigenen Haus ist groß. „Unser Ziel ist es, aus Ideen neue Geschäftsmodelle zu machen", sagt Ruppel. Um das Bild des Tankers nochmal aufzugreifen: Bosch verhält sich wie ein Mutterschiff, das Beiboote zu Wasser lässt, die ihren eigenen Kurs einschlagen.

Vielleicht ist dies das Erfolgsrezept für deutsche Unternehmen: Ausgründen statt Selbermachen. Wenn sich Unternehmen als Inkubatoren betätigen, gibt es keinen Konflikt zwischen Alt und Neu. Die jungen Kreativen können sich (unter einer gewissen Aufsicht) nach Herzenslust austoben und ihre Ideen umsetzen, ohne von den alten Besserwissern und Bedenkenträgern in der Mutterfirma ausgebremst zu werden. Und die Abläufe und Prozesse im „alten" Unternehmen werden nicht durch die Umtriebe der „jungen Wilden" gestört, die vielleicht den Betriebsfrieden gefährden könnten.

Wie auch immer: Es muss ein Ruck durch Deutschlands Unternehmen gehen, wenn sie nicht zurückfallen wollen beim Rennen um die Spitzenplätze in der Welt von morgen. Deutschland hat nicht nur einen Ruf zu verteidigen: Wir wollen schließlich unseren Lebensstandard halten, der immer noch weit höher liegt als beispielsweise in China und Indien, wo die Menschen sicher genauso fleißig und begabt sind wie wir.

Und es gibt auch hoffnungsvolle Ansätze, die auf ein Umdenken hinweisen. So haben die deutschen Arbeitgeber im Juli 2015 von sich aus der Bundesregierung vorgeschlagen, den Acht-Stunden-Tag, wie er derzeit im Arbeitsschutzgesetz von 1994 festgeschrieben ist, zugunsten flexibler Arbeitszeitmodelle abzuschaffen. Statt einer täglichen sollte es in Zukunft eine wöchentliche Höchstarbeitszeit geben, sagte Arbeitgeberpräsident Ingo Kramer. Leider legten sich aber die Arbeitnehmervertreter wieder einmal quer: Reiner Hoffmann, seit Mai 2014 Vorsitzender des Deutschen Gewerkschaftsbundes, warf stattdessen der Gegenseite vor, die Debatte um die Digitalisierung der Arbeitswelt für eine „Rolle rückwärts bei den Arbeitszeiten" zu missbrauchen. Die Diskussion droht also wieder mal ins Leere zu laufen.

Es hilft uns auch nicht weiter, wenn die Medien ein flaches, eindimensionales Bild der Digitalisierung als Bedrohung zeichnen und, wie die Wiener „Presse" im Sommer 2015, ihren Lesern Tipps geben, wie sie „digitale Sommerferien" ohne E-Mail, Smartphone oder Tablett-PC machen können – als ließe sich das Internet einfach zwischendurch mal abschalten, und schon würden die Menschen in eine stressfreie, goldene Zeit vor Anbeginn der Digitalisierung zurückkehren können. Das ist blanker Unsinn! Liebe Kollegen, merkt Euch: Die Digitalisierung verändert alles – nicht zuletzt uns selbst.

Im Kinderbuch *Alice hinter den Spiegeln* lässt der Autor Lewis Carroll seine kleine Heldin von der Königin an die Hand nehmen, die daraufhin losrennt und das Kind so lange hinter sich herzieht, bis es vor Erschöpfung stehen bleibt – und sich wundert, dass sie immer noch auf dem gleichen Fleck steht wie vorher. „Bei uns kommt man meistens irgendwo hin, wenn man lange Zeit so schnell rennt wie wir gerade", sagt sie keuchend. „Ein langsames Land ist das!", sagt die Königin, „so schnell wie du muss man hier rennen, um bloß auf der gleichen Stelle zu bleiben. Wenn du irgendwo hinkommen willst, musst du mindestens doppelt so schnell laufen."

Wir leben heute die meiste Zeit hinter dem Bildschirm: In einer Welt, in der wir immer das Gefühl haben, alles läuft viel schneller als früher ab und wir unsere liebe Mühe haben mitzukommen. Aber die Welt dreht sich weiter, und wir sind gefordert, uns anzupassen, flexibel und aufgeschlossen für das Neue zu sein, das uns zunehmend in digitaler Form entgegenkommt. Dabei geht es um nichts Geringeres als um die Zukunft Deutschlands als Wirtschaftsnation und damit auch um die Zukunft der Menschen in diesem Land. Wir dürfen sie weder verspielen noch verschlafen, denn wir bekommen keine zweite Chance.

St. Michael, im Sommer 2015

Literaturverzeichnis

Bell, David R. (2014), Location Is (Still) Everything: The Surprising Influence of the Real World on How We Search, Shop, and Sell in the Virtual One, New Harvest.

Berners-Lee, Tim (2000), Weaving the Web: The Original Design and Ultimate Destiny of the World Wide Web, HarperBusiness.

Boston Consulting Group (2015), Industry 4.0 – the future of productivity and growth in manufacturing industries.

Cairncross, Frances (1997), The Death of Distance: How the Communications Revolution Will Change Our Lives, Harvard Business Review Press.

Carrol, Lewis (1865), Alice in Wonderland, Macmillan.

Cohen, Daniel/Sargeant, Matthew/Somers, Ken (2014), 3-D printing takes shape, McKinsey&Company.

Connor-Simons, Adam (2014), Want a happy worker? Let robots take control, CSAIL/MIT News.

Cowgill, Bo/Dorobantu, Cosmina (2013), Does online trade live up to the promise of a borderless world? Evidence from the EU Digital Single Market, EUR Number: 26217 EN.

Davenport, Thomas H. (2014), Big Data at Work, Vahlen.

Fraunhofer IIS (2013), Auf der Suche nach praktikablen City-Logistik-Lösungen.

Frey, Carl Benedikt/Osborne, Michael (2013), The Future of Employment: How susceptible are jobs to computerisation? Oxford Martin School.

Friedman, Thomas L. (2006), Die Welt ist flach: Eine kurze Geschichte des 21. Jahrhunderts, Suhrkamp.

Gabath, Christoph Walter (2011), Innovatives Beschaffungsmanagement: Trends, Herausforderungen, Handlungsansätze, Gabler.

Graetz, Georg/Michaels, Guy (2015), Robots at Work, Centre for Economic Performance.

Gromball, Paul/Cole, Tim (2000), Das Kunden-Kartell: Die neue Macht des Kunden im Internet-Zeitalter, Hanser.

h&z Unternehmensberatung AG (2012), Challenges in Procurement 2021.

Hofstadter, Douglas R. (1996), Fluid Concepts And Creative Analogies: Computer Models Of The Fundamental Mechanisms Of Thought, Basic Books.

ibi research (2013), Retourenmanagement im Online-Handel – Das Beste daraus machen.

Jensen, Bill (2004), Radikal vereinfachen: Den Arbeitsalltag besser organisieren und sofort mehr erreichen, Campus.

Kahlmann, Thomas, Herausforderung Urbane Versorgung – Projekt Urban Retail Logistics, REWE – Zentralfinanz eG.

Kelly, John E./Hamm, Steve (2013), Smart Machines – IBM's Watson an the Era of Cognitive Computing, Columbia Business School Publishing.

Komlos, John (2014), Has Creative Destruction Become More Destructive?, NBER Working Paper No. 20379.

Kotter, John P. (2014), Accelerate, Harvard Business Review Press.

Kurzweil, Ray (2000), Homo Sapiens: Leben im 21. Jahrhundert – Was bleibt vom Menschen? Ullstein.

Levin, Rick/Locke, Christopher/Searls, Doc/Weinerger, David (2000), Das Cluetrain-Manifest, Econ.

o.V. (2014), Digital Enlightenment Yearbook 2014: Social Networks and Social Machines, IOS Press.

o.V. (2014), Global Evolving-Workforce Study, Dell und Intel zusammen mit der Marktforschungsgesellschaft TNS.

Renner, Thomas et al. (2014), Überwachung von Geschäftsprozessen, Fraunhofer IAO.

Rifkin, Jeremy (2011), Die dritte industrielle Revolution: Die Zukunft der Wirtschaft nach dem Atomzeitalter, Campus.

Searls, Doc (2012), The Intention Economy, Harvard Business Review Press.

Schwarz, Evan I. (1997), Webonomics, Broadway Books.

Schwarz, Torsten (2007), Leitfaden Online Marketing, marketing börse.

Siegele, Ludwig/Zepelin, Joachim (2009), Matrix der Welt – SAP und der neue globale Kapitalismus, Campus.

Urchs, Ossi/Cole, Tim (2013), Digitale Aufklärung – warum und das Internet klüger macht, Hanser.

Stichwortverzeichnis